TS 교통안전공단 시행

Drone Pilot

드론실기 및 구술시험

초경량 비행장치

박장환 · 이재원 · 류영기

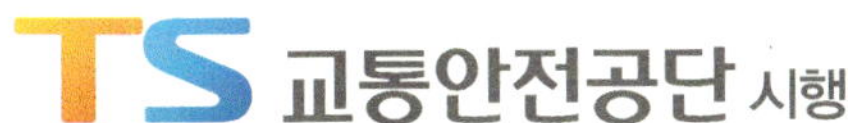

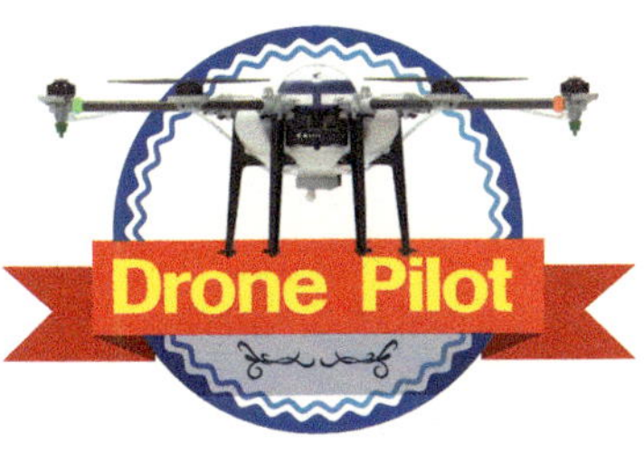

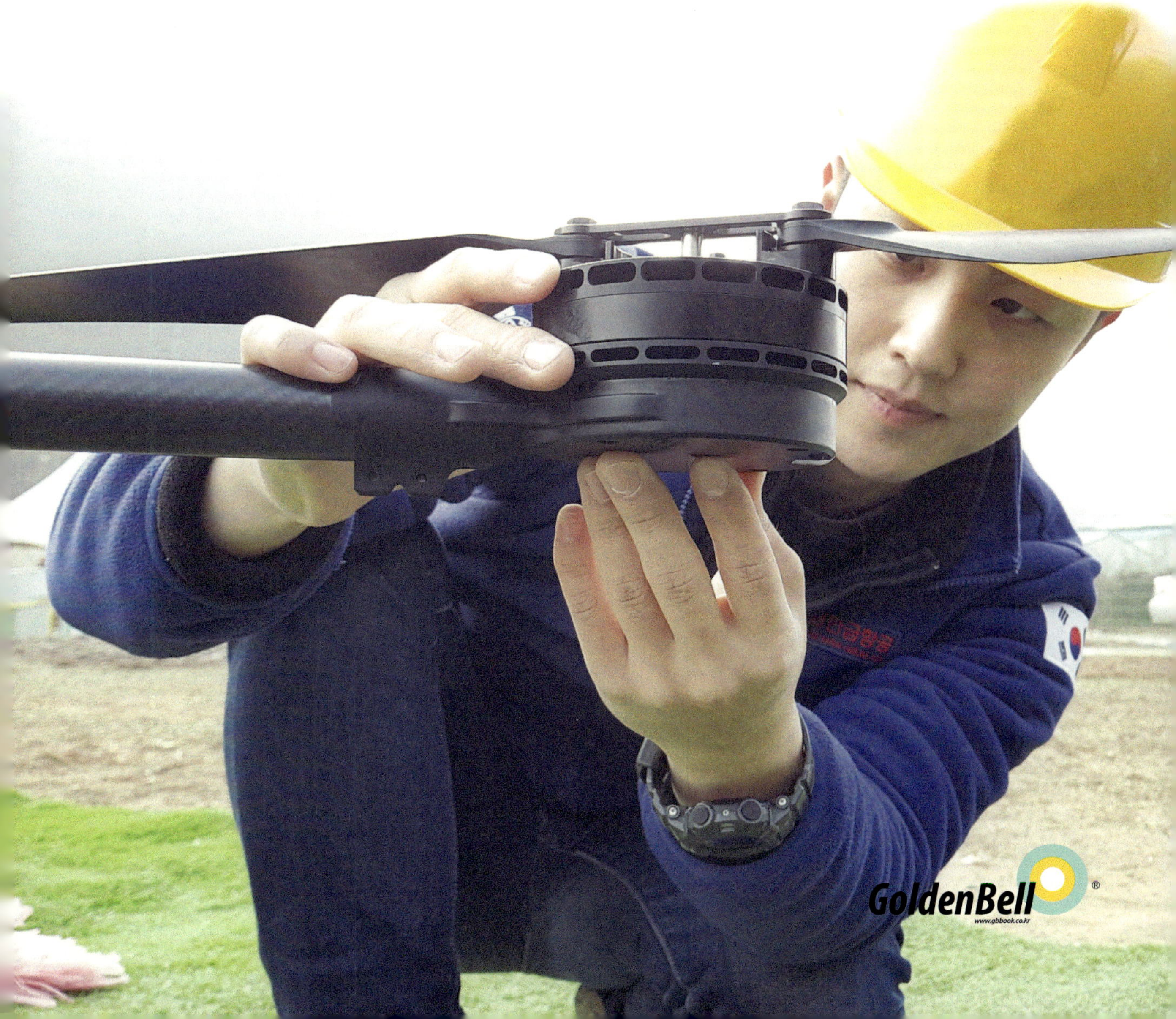

GoldenBell
www.gbbook.co.kr

머리말

실기 수험생의 심리학

실기 시험관 앞에 선다, 눈초리가 독수리와도 같다.
조종 스틱을 잡자마자 손이 벌벌 떨린다.
평소에 그렇게 커 보이던 착륙장에 제대로 안착도 못 시킨다.
정지 호버링을 하는데 제 위치를 못 찾고 이탈의 연속이다.
조종을 어떻게 하면 잘할 수 있을까?
언제나 합격할 수 있을까?

"촬영사들은 카메라가 장착된 멀티콥터를 「카메라」로 취급하고, 농민들은 살포용 멀티콥터를 「농기구」로 취급하려 한다." 그러나 그것은 잘못된 생각이다. 왜냐하면, 멀티콥터의 운영체계는 항공이다. 3차원 공간에서 운영되는 항공운영체계는 복잡하고 어렵기 때문이다.

단순히 자격증을 취득한 조종자들은 '쟁이'가 되기도 한다. 지도 조종자가 되었는데도 취업은 고사하고 스스로 멀티콥터를 자유자재로 조종하기 어렵고 자신감이 없다. 이유는 원리를 모르고 단순히 손가락 조종만으로 자격증을 취득하였지만 애초에 꿈과는 멀어져만 간다. 이것이 바로 「항공역학(비행원리)과 비행교수법」을 모르는 오퍼

레이팅 한계인 것이다. 모든 기계는 정직하며 사람이 시키는 대로 한다. 내가 못해서 일어난 일을 기계만 탓한다. 아울러 교육생의 심리도 모르면서 어떻게 비행술을 전수한다는 것인가? 이런 맹점을 한 방에 시원하게 날릴 비법 「Operating Know-how」를 아낌없이 발가벗겼다.

꼭, 이 책을 추천하고 싶은 대상은...!

첫째, 실기시험 응시생을 위한 조종술의 합격 비법 제시
둘째, 자격 취득 후 지도조종자 및 실기평가조종자 응시생들
셋째, 작업 시에 멀티콥터의 원활한 운영을 하고픈 희망자
넷째. 고장 발생시 응급처치가 필요하고 정비 학습이 필요한 분들

집필진들은 유인헬리콥터→무인항공기→무인헬리·멀티콥터의 파일럿 및 오퍼레이터의 다년간 경험과 교육을 바탕으로 집필하였다. 하지만 부족한 점은 판을 거듭될 때마다 다듬어 나갈 것이다.
　이 책이 나오기까지 많은 조언과 도움을 주신 (주)골든벨 김길현 대표님과 관계자분들께 깊은 감사를 드린다.

2018 합격을 기원하며
류영기 · 박장환 · 이재원

Chapter 01
실기시험 자격증 받기까지 / 8

실기 시험은 이렇게!! / 10

Chapter 02
구술시험 / 19

01. 시험 범위 주요내용 / 20

02. 구술시험 주요내용 / 22
  1. 기체에 관한 사항 / 22
  2. 조종자에 관련한 사항 / 32
  3. 공역 및 비행장에 관련한 사항 / 34
  4. 기상에 관련한 사항 / 35
  5. 일반지식 및 비상절차에 관한 사항 / 36
  6. 이륙 중 엔진 고장 및 이륙 포기 / 36
  7. 기타 / 37

03. 구술시험 사례모음 / 40
  1. 기체에 관한 사항 / 40
  2. 항공관련 법규에 관련된 사항 / 44
  3. 비행 원리에 관련된 사항 / 48
  4. 장비운용에 관련된 사항 / 49

Chapter 03
실기시험 / 53

01. 실기 표준훈련장 / 54

02. 시험영역과 평가 기준 / 56

03. 실기시험 채점기준표 / 58

04. 세부 실기훈련 방법 / 60
  1. 멀티콥터 조종키의 용어 정리 / 60
  2. propeller와 rotor의 차이 / 62

05. 세부 실기훈련 방법 / 66
  1. 비행계획 및 비행 전 점검 / 66
   1) 비행 전 점검 / 66
    (1) 비행 전 점검 구호
    (2) 비행 Check list
    (3) 세부점검방법
      ① 비행준비 / ② 배터리 장착 / ③ 조종기 전원 ON
      ④ 비행 전 점검
   2) 기체의 시동/이륙 전 점검 / 92
    (1) 세부방법
      ① 조종기 잡는 방법 / ② 시동방법 / ③ 이륙 전 점검을 하는 가장 큰 목적은? / ④ 멀티콥터의 다양한 Mix Type
    ※ 이륙에서 비행종료 시 까지 구호 및 패턴 비행순서

Contents

2. 이륙비행 / 100
1) 세부 조종방법 / 102

3. 공중조작 / 106
1) 공중정지비행(호버링) / 106
2) 직진 및 후진 수평비행 / 114
3) 삼각비행 / 122
4) 원주비행 / 130
5) 비상조작 / 136

4. 착륙조작(또는 착륙동작) / 142
1) 정상 접근 및 착륙(자세 모드) / 142
2) 측풍 접근 및 착륙 / 148

5. 비행 후 점검 / 154
1) 비행 후 점검 / 154
2) 비행 기록 / 155

6. 종합능력 / 158
1) 계획성 / 158
2) 판단력 / 159
3) 규칙의 준수(감점과 실격의 기준) / 162
4) 조작의 원활성(몸에 힘을 빼고, 손 떨림 방지법) / 164
5) 안전거리 유지 / 165

7. 알아 두어야 할 사용자 정비 Tip / 166
1) 조종기(대표적인 2개사)의 바인딩/링크조작 방법 / 166
2) 조종기 취급 시의 주의사항 / 168
3) 기체 세팅 / 169
4) 배터리 취급 시의 주의사항 / 176
5) 배터리 충전기 취급 시의 주의사항 / 176
6) 지자기 방위 센서(Magnetic Compass) Calibration / 177
7) 초경량비행장치 무인회전익 멀티콥터 기체정비 / 178
  (1) 좋은 공구의 선택 / 178
  (2) 정비의 기초이해 / 182

Chapter 01
들어가기 전에 / 184

01. 지도조종자 / 186

1. 경력 준비 및 등록절차 / 186

2. 지도조종자가 알아야 할 사항 / 187

3. 지도조종자 비행 훈련 / 188

 1) 비행 훈련 개요 / 189

 2) GPS모드에서의 기본 패턴비행 / 190

 3) 기본 비행 훈련 개요 / 192

  (1) GPS모드 8자 비행 / 192

  (2) 자세모드 8자 비행 (10m, 30m, 50m) / 194

  (3) 마름모 비행(GPS Mode) / 196

  (4) 마름모 비행(자세모드) / 198

  (5) 살포패턴 비행(자세모드) / 200

02. 실기평가 지도조종자 / 202

1. 경력 준비 및 등록절차 / 202

2. 실기평가 지도조종자가 알아야
   할 사항 / 203

3. 실기평가 지도조종자 패턴 비행술
   훈련 / 204

 1) 이륙비행(자세모드) / 204

 2) 공중 정지 호버링 비행(자세모드) / 206

 3) 직진 및 후진 수평비행(자세모드) / 208

 4) 삼각비행(자세모드) / 210

 5) 원주비행(자세모드) / 212

 6) 비상착륙(자세모드) / 214

Chapter 02
교통안전공단 교육진행과정 소개 / 210

01. 지도조종자과정 / 217

1. 운영근거

2. 교육운영기준

02. 실기평가 지도조종자 / 218

1. 실기평가 지도조정사 / 218

 1) 배경

 2) 목적

 3) 교육 방법

 4) 교육(연수) 중점내용

 5) 실기비행 평가

 6) 수료기준

Contents

Chapter 03
시험 준비 222

01. 지도조종자과정 / 223
1. 입교 전
2. 입교 후 교육과정

02. 실기평가 지도조종자과정 / 223
1. 입교 전
2. 입교 후 교육과정

Chapter 04
비행 교수법 224

01. 교수 학습의 본질 / 225
1. 교수의 정의
2. 학습의 정의
3. 교수와 학습과의 관계
4. 학습의 법칙
5. 학습동기 조성방법
6. 흥미 유지 방법
7. 비행 교관의 자질

02. 비행 교수 기법 / 231
1. 비행교육 요령
2. 심리 지도 기법
3. 학습 지원 방법
4. 비행 교육 중 학습 장애 요인

03. 비행 단계별 교육 요령 / 233
1. 준비/학과 교육 단계
2. 기본 비행 단계
3. 응용 비행 단계
4. 비상 절차 단계
5. 비행 평가 단계

04. 지도조종자(교관)의 특성 / 236
1. 지도조종자(교관)의 구비조건
2. 비행 훈련 중 학습장애
3. 지도조종자(교관)가 범하기 쉬운 과오
4. 비행 교시 요령

국가자격과정

chapter
01
실기시험
자격증
받기까지

TTA
TTA

01 실기 시험은 이렇게!!

1 실기 시험 응시 요건

응시자가 시험을 신청할 때 접수기관에서 이미 확인하였더라도 실기시험위원이 다음 사항을 확인한다.

- 최근 2년 이내에 학과시험에 합격하였을 것.
- 조종자증명에 한정될 비행장치로 비행교육을 받고 초경량비행장치 조종자증명 운영세칙에서 정한 비행경력을 충족할 것.
- 시험 당일 현재 유효한 항공신체검사증명서를 소지할 것.

2 실기 시험 과목 및 범위

자격 종류	범 위
무인 멀티콥터	① 비행 계획 및 비행 전 점검 ② 지상 활주 (또는 이륙과 상승 또는 이륙 동작) ③ 공중 조작 (또는 비행 동작) ④ 착륙 조작 (또는 착륙 동작) ⑤ 비행 후 점검 ⑥ 비정상 절차 및 응급 조치 등

3 실기 시험 원서 접수 기간 항공안전법 시행규칙 제84조, 제306조

- **접수 담당** : 02-3151-1514(초경량 실비행시험)
- **접수 시간** : 접수 시작일 20:00 ～ 접수 마감일 23:59
- **접수 변경** : 시험 일자를 변경하고자 하는 경우 환불 후 재접수
- **접수 제한** : 정원제 접수에 따른 접수인원 제한(1～2월 접수는 제외)
- **응시 제한** : 같은 접수 기간 동안 같은 자격으로 접수기회 1회로 제한
  - ※ 목적 : 응시자 누구에게나 공정한 응시기회 제공
  - ※ 기타 : 이미 접수한 시험의 결과가 발표된 이후에 다음 시험 접수 가능

주의사항

실기시험 접수 시 반드시 사전에 교육기관과 비행장치 및 장소 제공 일자는 협의된 날짜로 접수할 것

4 시험 일정 및 장소 ^(2018. 03. 이후)

• 시험 일정 (접수 '18. 2. 19 20:00~시험 전주 월요일 23:59) (응시자 수에 따라 변경될 수 있음)

사용사업체		전문교육기관(1구역)		
월	**일자**	**월**	**일자**	**교육기관**
3	6, 7, 13, 14, 20, 21, 27, 28	3	8, 9	육군정보학교, 아세아무인항공교육원, 일렉버드UAV, 제이드론연구소, 한국항공대학교, 날틀, 에이스 드론아카데미, 대한무인항공교육원, 플라이존 드론교육원
4	3, 4, 10, 11, 17, 18, 24, 25	4	5, 6	
5	9, 10, 15, 16, 29, 30	5	3, 4	
6	5, 12, 19, 20, 26, 27	6	7, 8	
7	3, 4, 10, 11, 17, 18, 24, 25	7	5, 6	
8	7, 8, 14, 21, 22, 28, 29	8	9, 10	
9	4, 5, 11, 12, 18, 19	9	6, 7	
10	2, 16, 17, 23, 24, 30, 31	10	25, 26	
11	6, 7, 13, 14, 20, 21, 27, 28	11	29, 30	
12	4, 5, 11, 12, 18, 19	12	–	
총 70회		**총 18회**		

전문교육기관(2구역)			전문교육기관(3구역)			전문교육기관(4구역)		
월	**일자**	**교육기관**	**월**	**일자**	**교육기관**	**월**	**일자**	**교육기관**
3	15, 16	국제드론사관학교, 한국모형항공협회, 대한상공회의소 (강원), 성우엔지니어링, 카스컴, 영상대학교, 무성항공, 유니버셜 DS무인기교육원	3	22, 23	새만금무인항공, 대한상공회의소 (충남, 광주, 전북), 골드론, 에어콤, 우리기술진흥법인, 날다, (주)골든텔, 제주 유니에어, 강남무인항공, 서해드론교육원, 마린로보틱스(주) 부설 고흥무인교육원	3	29, 30	대구드론아카데미, 웅웅드론비행교육원, 거창대학교, 무인기술UAV, 창원무인항공교육원, 대한상공회의소 (부산), 부산무인항공교육원, 김해무인항공교육원, 대경대학교, 미래무인항공교육원, 드론코리아 아카데미
4	12, 13		4	19, 20		4	26, 27	
5	17, 18		5	24, 25		5	31	
6	14, 15		6	21, 22		6	1, 28, 29	
7	12, 13		7	19, 20		7	26, 27	
8	16, 17		8	23, 24		8	30, 31	
9	13, 14		9	20, 21		9	–	
10	–		10	–		10	11, 12	
11	1, 2		11	8, 9		11	15, 16	
12	6, 7		12	13, 14		12	20, 21	
총 18회			**총 18회**			**총 18회**		

※실비행형 – 실비행+구술면접형(실기 시험 일정은 제반 환경에 따라 변경될 수 있음)

• 시험 장소

- **전문교육기관 :** 전문교육기관 훈련장
- **사용사업체 시험장**(거점 장소 9개소 ; 지자체 사정에 따라 가, 감 운영)
  ※ 경기 파주(경기인력개발원 운동장), 강원 영월(하늘 샘 럭비구장), 경남 고성(고성종합운동장),
  충북 옥천(충북 인력개발원 운동장), 전북 전주(전주시 월드컵경기장 보조경기장),
  전남 순천(순천만 국가정원스포츠센터), 충남 청양(청양 공설운동장), 전남 장흥(장흥 심천공원 축구장),
  경남 김해(김해진영 종합운동장)

5 실기 시험 접수방법

- **인터넷** : 공단 홈페이지 항공종사자 자격시험 페이지
- **방 문** : 항공시험처 사무실 (평일 09:00~18:00)
  [서울 마포구 구룡길 15(상암동 1733번지) 상암 자동차검사소 3층]
- **결제 수단** : 인터넷(신용카드, 계좌이체), 방문(신용카드, 현금)
- **응시수수료** : 72,600원

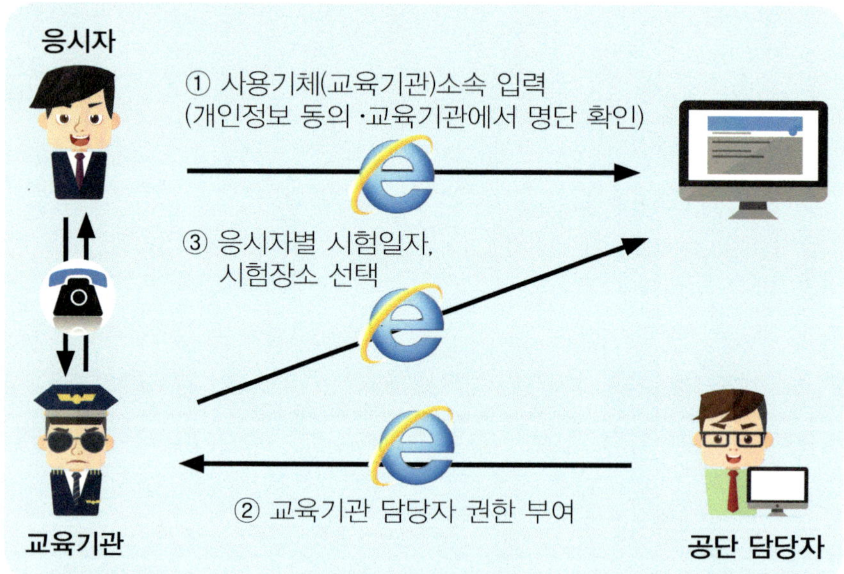

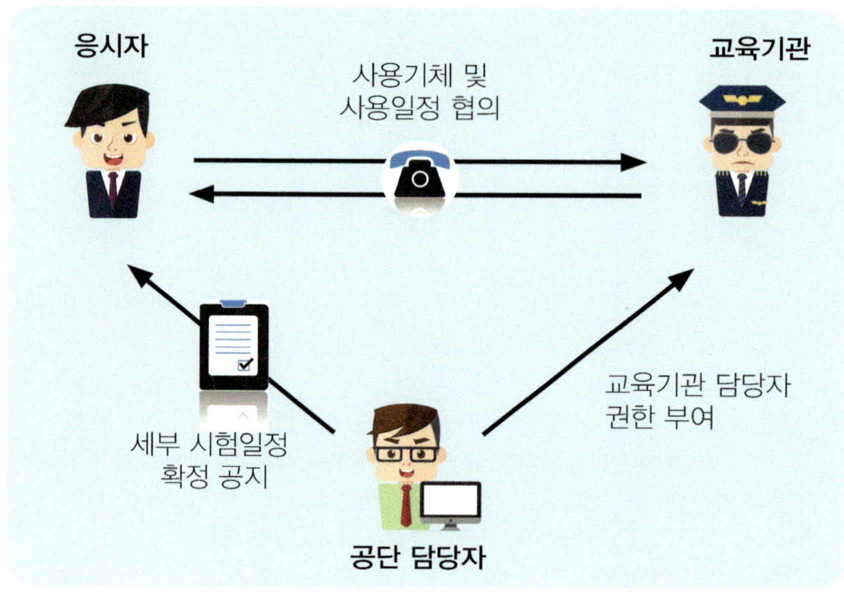

① 상시 실기시험 시스템 접수방법(응시자)

• 응시원서 접수

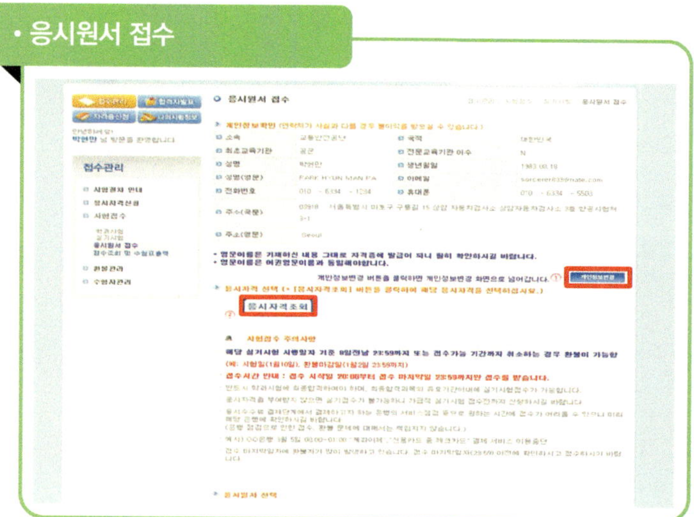

• 시험 접수

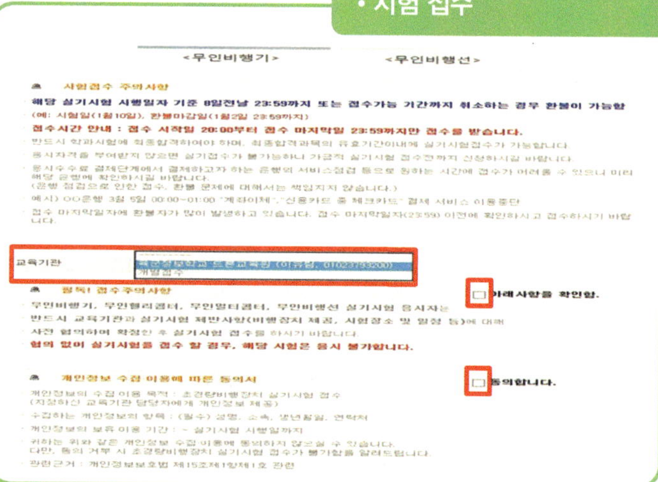

• 실기시험 결재

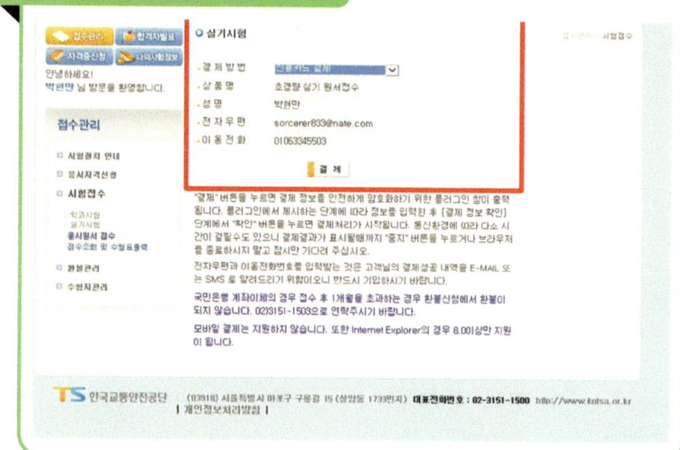

• 접수조회 및 수험표 출력

2 전문교육기관 실무 담당자

• 상시 원격시스템

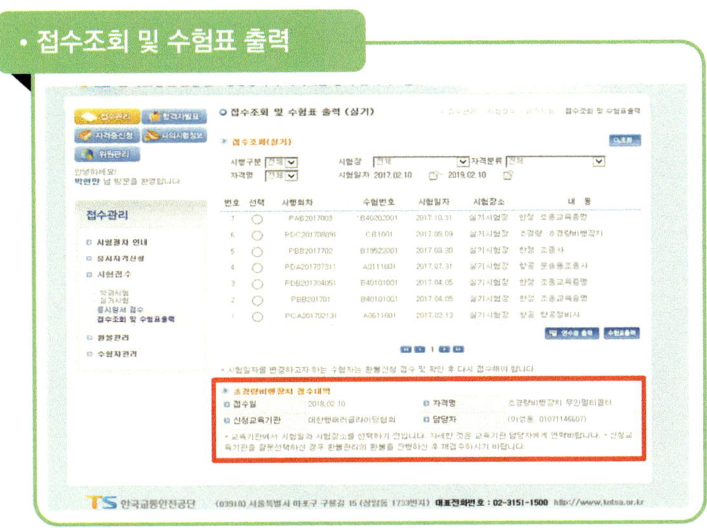

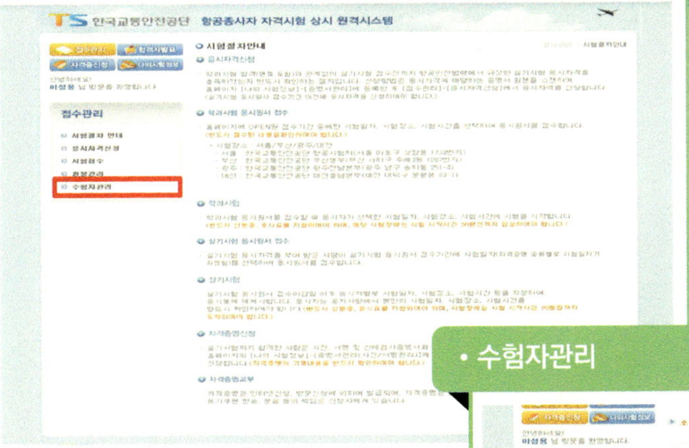

• 수험자관리

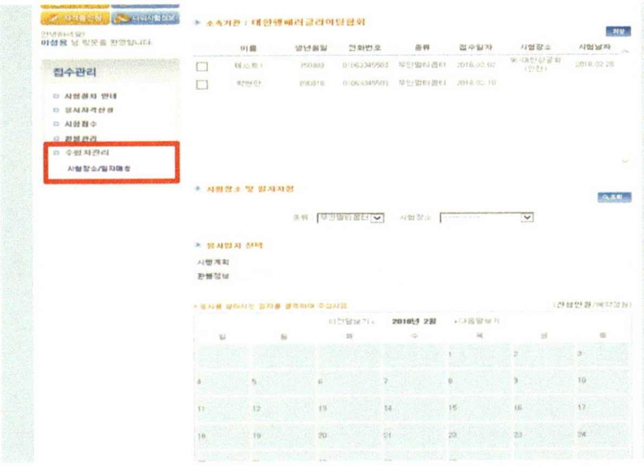

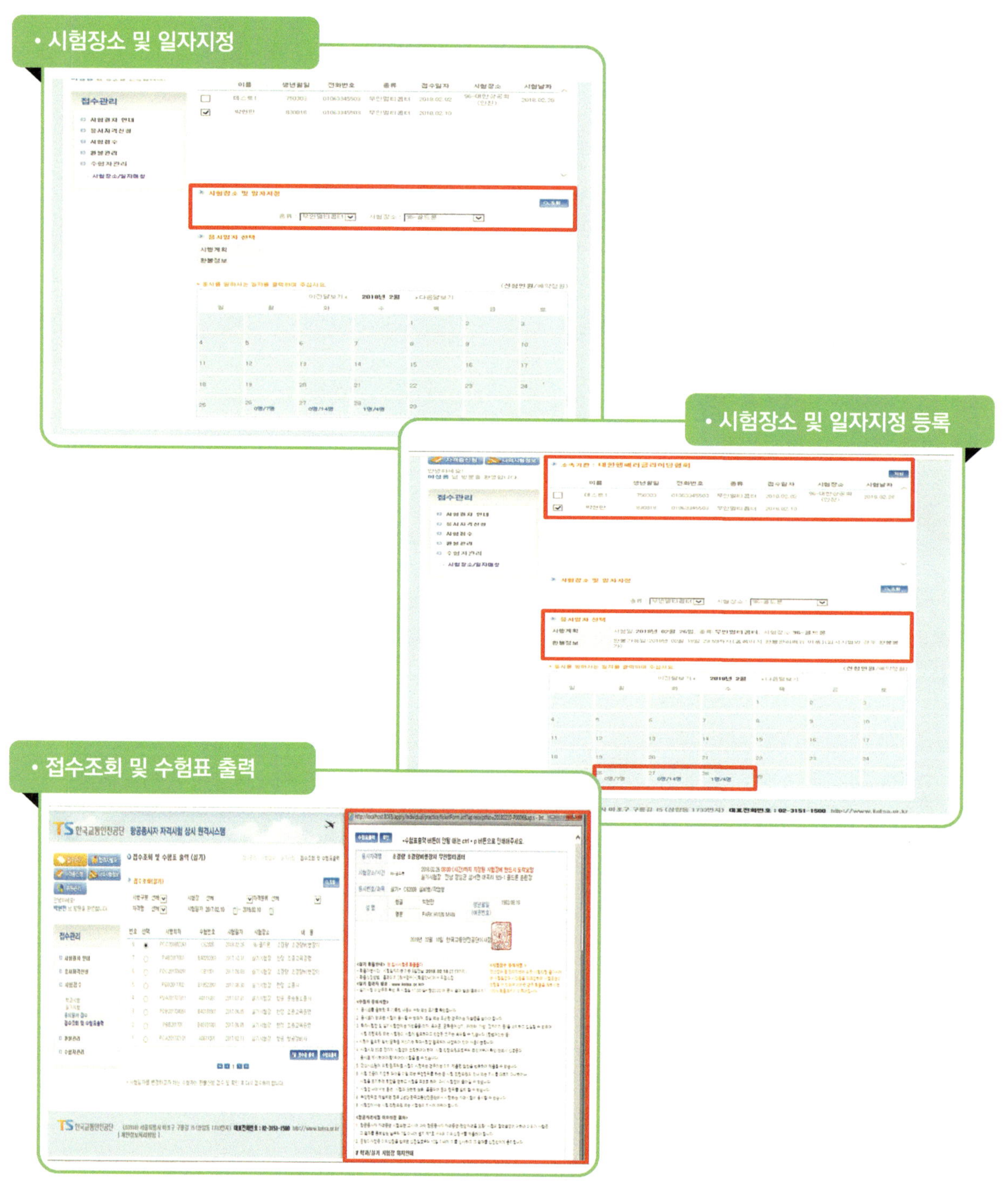

6 실기 시험 시행 방법 항공안전법 제43조 및 시행규칙 제82조, 제84조, 제306조

• **시행 담당** : 02-3151-1514(초경량 실 비행시험) • **시행 방법** : 구술시험 및 실 비행 시험
• **시작 시간** : 공단에서 확정 통보된 시작 시간(시험접수 후 별도 SMS 통보)

• 응시 제한 및 부정행위 처리

 ※ 사전 허락 없이 시험 시작 시각 이후에 시험장에 도착한 사람은 응시 불가
 ※ 시험위원 허락 없이 시험 도중 무단으로 퇴장한 사람은 해당 시험 종료처리
 ※ 부정행위 또는 주의 사항이나 시험감독의 지시에 따르지 아니하는 사람은 즉각 퇴장
  조치 및 무효 처리하며, 향후 2년간 공단에서 시행하는 자격시험의 응시자격 정지

7 실기 시험 합격수준

- 본 표준서에서 정한 기준 내에서 실기영역을 수행해야 한다.
- 각 항목을 수행함에 있어 숙달된 비행장치 조작을 보여주어야 한다.
- 본 표준서의 기준을 만족하는 능숙한 기술을 보여 주어야 한다.
- 올바른 판단을 보여 주어야 한다.

8 실기 시험 시 불합격인 경우

- 응시자가 비행 안전을 유지하지 못하여 시험위원이 개입한 경우.
- 비행기동을 하기 전에 공역확인을 위한 공중경계를 간과한 경우.
- 실기영역의 세부 내용에서 규정한 조작의 최대 허용한계를 지속적으로 벗어난 경우.
- 허용한계를 벗어났을 때 즉각적인 수정 조작을 취하지 못한 경우.
- 실기시험 시 조종자가 과도하게 비행자세 및 조종 위치를 변경한 경우.

9 실기 시험 합격 발표 항공안전법 시행규칙 제83조, 제85조, 제306조

- **발표 방법** : 시험 종료 후 인터넷 홈페이지에서 확인
- **발표 시간** : 시험 당일 18:00
- **합격 기준** : 채점 항목의 모든 항목에서 "S"등급이어야 합격
- **합격 취소** : 응시자격 미달 또는 부정한 방법으로 시험에 합격한 경우 합격 취소
- **유효 기간** : 해당 과목 합격일로부터 2년간 유효

 ※ 학과 합격 유효 기간 : 최초과목 합격일로부터 2년간 합격 유효
 ※ 실기 접수 유효 기간 : 최종과목 합격일로부터 2년간 접수 가능

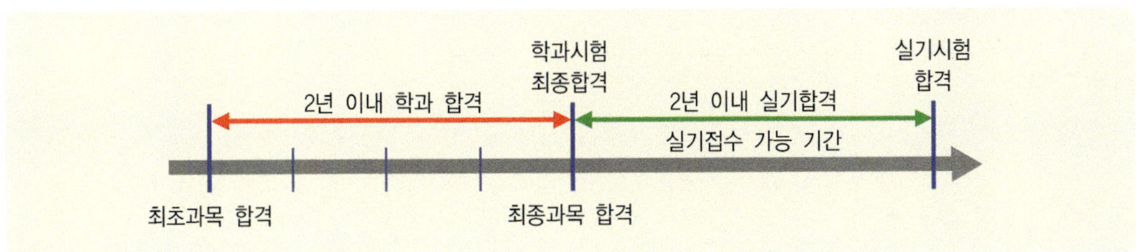

10 합격 자격증을 받으려면

■ **제출서류** 명함 사진 1매 [필수]

■ **신청방법**
- **발급 담당** : 02-3151-1503
- **수 수 료** : 11,000원(부가세 포함)
- **신청 기간** : 최종합격 발표 이후(인터넷 : 24시간, 방문 : 근무 시간)
- **신청 장소**
  - 인터넷 : 공단 홈페이지 항공종사자 자격시험 페이지
  - 방문 : 항공시험처 사무실(평일 09:00~18:00)
    [서울 마포구 구룡길 15(상암동 1733번지)
    상암 자동차검사소 3층]
- **결제 수단** : 인터넷(신용카드, 계좌이체), 방문(신용카드, 현금)
- **처리 기간** : 인터넷(2~3일 소요), 방문(10~20분)
- **신청 취소** : 인터넷 취소 불가 (전화취소 02-3151-1500 자격발급 담당자)
- **책임 여부** : 발급 책임(공단), 발급 신청/우편 배송/ 대리 수령 / 수령 확인 책임(신청자)

■ **발급 절차**

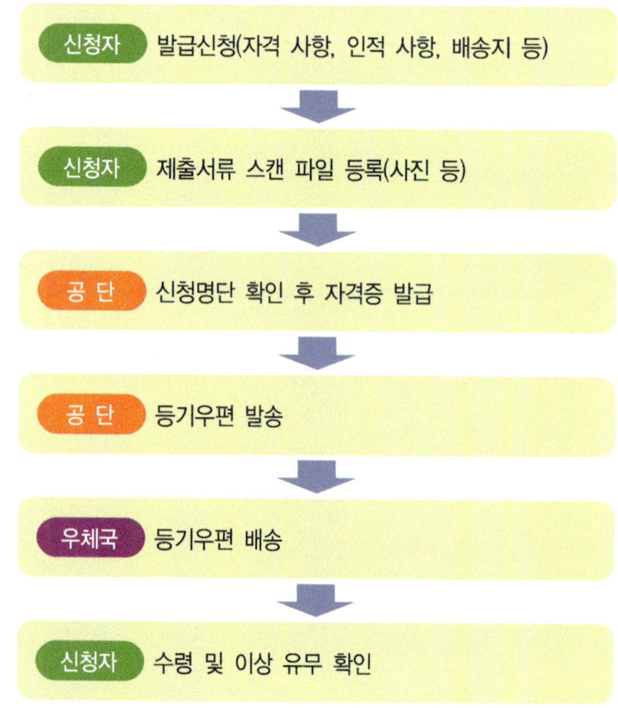

chapter 02
구술시험

구분		내용
기체	비행장치 종류	◎ 기체의 형식인정과 그 목적에 대하여 이해하고 해당 비행장치의 요건에 대하여 설명할 수 있을 것 - 기체 형식, 제원(자체중량, 최대이륙중량, 배터리 규격 등) - 기체 규격(로터 직경) - 비행원리 : 전/후진, 좌/우 이동, 기수 전환의 원리 등 - 각 부품의 명칭과 기능(비행제어기, 자이로센서, 기압 센서, 지자기 센서, GPS수신기등) - 배터리 취급 시 주의사항 등
	비행허가	◎ 항공안전법 제124조(안전성인증)에 대하여 이해하고, 비행안전을 위한 기술상의 기준에 적합하다는 '안전성인증서'를 보유하고 있을 것(해당 시)
	안전관리	◎ 안전관리를 위해 반드시 확인해야 할 항목에 대하여 설명할 수 있을 것
	비행규정	◎ 비행규정에 기재되어 있는 항목(기체의 재원, 성능, 운용한계, 긴급조작, 중심위치 등)에 대하여 설명할 수 있을 것
	정비규정	◎ 정기적으로 수행해야 할 기체의 정비, 점검, 조정 항목에 대한 이해 및 기체의 경력 등을 기재하고 있을 것
조종자	신체조건	◎ 유효한 신체검사증명서를 보유하고 있을 것
	학과합격	◎ 필요한 모든 과목에 대하여 유효한 학과합격이 있을 것
	비행경력	◎ 기량평가에 필요한 비행경력을 지니고 있을 것
	비행허가	◎ 항공안전법 제125조(조종자 증명)에 대하여 설명할 수 있고 비행안전요원은 유효한 조종자 증명을 소지하고 있을 것
공역/ 비행장	기상정보	◎ 멀티콥터 운용의 기상 제한사항에 관한 지식 (강수, 번개, 안개, 강풍, 주간운용, 방제용 드론의 풍속제한)
	이착륙장/ 주변환경	◎ 비행관련 공역에 관하여 이해하고 설명할 수 있을 것 - 비행금지구역, 제한공역, 관제공역, 허용고도 등 ◎ 초경량비행장치 이착륙장 및 주변 환경에서 운영에 관한 지식

구분		내 용

**일반지식/
비상절차**
	비행규칙	◎ 비행에 관한 비행규칙을 이해하고 설명할 수 있을 것
		   – 조종자 준수사항, 유의사항, 안전수칙 등
		   – 비행계획, 비상절차, 충돌예방(우선권)
		   – 비행정보 : 항공고시보(NOTAM), 항공정보회람(AIC) 등

	비행계획	◎ 항공안전법 제127조(초경량비행장치 비행승인)에 대하여 이해하고 있을 것 ◎ 의도하는 비행 및 비행절차에 대하여 설명할 수 있을 것
	비상절차	◎ 충돌예방을 위하여 고려해야 할 사항(특히 우선권의 내용)에 대하여 설명할 수 있을 것 ◎ 비행 중 발동기 정지나 화재발생 시 등 비상조치에 대하여 설명할 수 있을 것
이륙 중 엔진 고장/ 이륙포기	이륙 중 엔진 고장	◎ 이륙 중 엔진 고장 상황에 대해 이해하고 설명할 수 있을 것 – 이륙 중 비정상 상황 시 대응방법
	이륙포기	◎ 이륙 중 엔진 고장 및 이륙 포기 절차에 대해 이해하고 설명할 수 있을 것

1 기체에 관한 사항

1 종류

📌 리모팜, 유콘시스템

📌 마징가K 10L, 드론안전기술

📌 MG-1/s, DJI/오토월드

📌 제트라이온10L,
지엘코리아/한성티앤아이

📌 마징가K 20L, 드론안전기술

📌 스마트항공 / 휴인스

📌 천풍, 대한무인항공서비스

📌 JJ-d150, 진항공시스템

📌 반디, 메타로보틱스

📌 AFox-1/s, 카스컴

📌 빔아티잔, 한화테크원

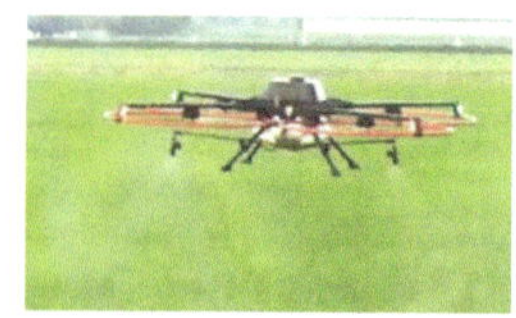

📌 카드1200, 한국헬리콥터

✳ 기체형식 (무인멀티콥터 형식)
- Quard-Copter (로터 4개) / Hexa-Copter(로터 6엽) / Octo-Copter (로터 8엽)

✳ 배터리:
- 주전원/FC: Li-Po(리튬폴리머), 조종기: Ni-MH(니켈메탈수소)
- Li-Po 배터리 셀당 정격/완충 전압 : 3.7/4.2V,
- 사이즈 / 중량
- 리튬폴리머 배터리 사용상 주의: 충격, 온도, 보관

✳ GPS / Atti 모드의 차이점과 조종 요령

2 비행제어시스템 각 부품의 명칭과 기능

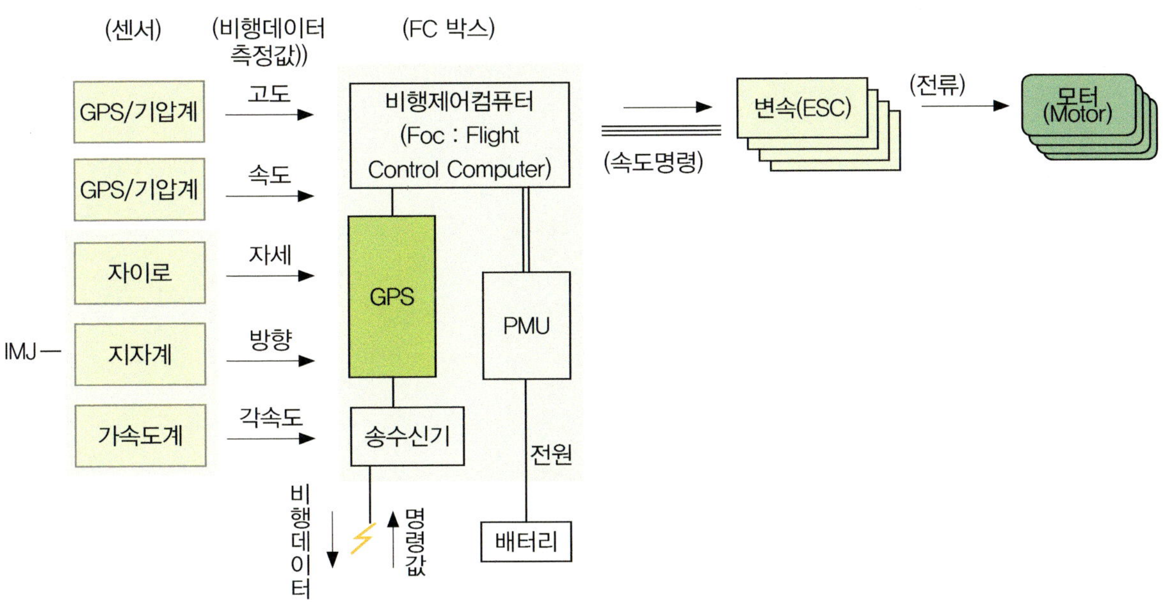

- 모터와 변속기 기능
- 멀티콥터 탑재 센서 종류와 기능
- IMU(Inertial Measurement Unit 관성측정장비): 기체의 기울어짐과 움직임을 감지하여 균형을 잃지 않도록 도와주는 장치
- GPS: 위치, 속도, 고도 측정 인식, 건물등 가려지면 인식 안됨. 주파수 신호 미약해서 재밍 등에 취약.
- 마크네틱 콤파스: 기체 진북, 자북 설정해주는 장치
- 기체 관리상 주의: IMU 충격 예방, 전자파 차단, 설치 방향,
- 레귤레이터: 기체에 전압을 일정한 값으로 흐르게 해주는 장치

❶ 전진비행

[**전진** 전, 후방
피치(Pitch)의 원리]

회전속도가 빠른 후방이 올라가고 속도가 낮은 전방이 내려감으로서 기체가 앞으로 기울어지면서 앞으로 나아간다. 전후 회전수를 반대로 하면 후방으로 나아간다.

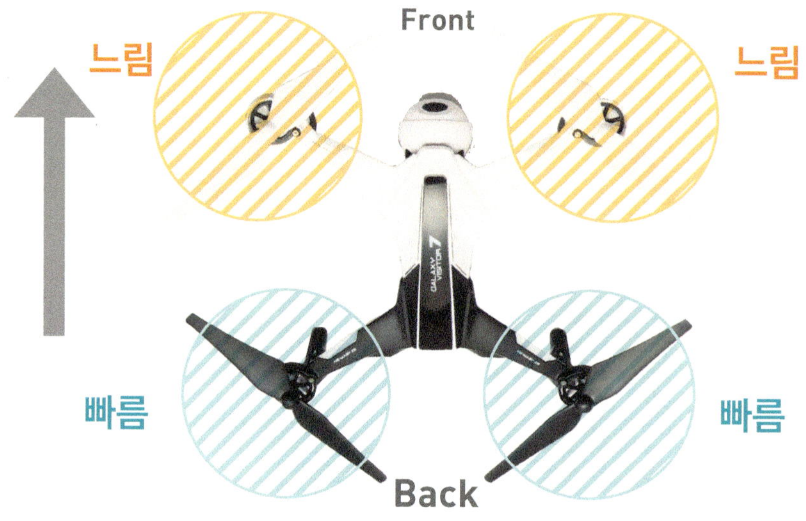

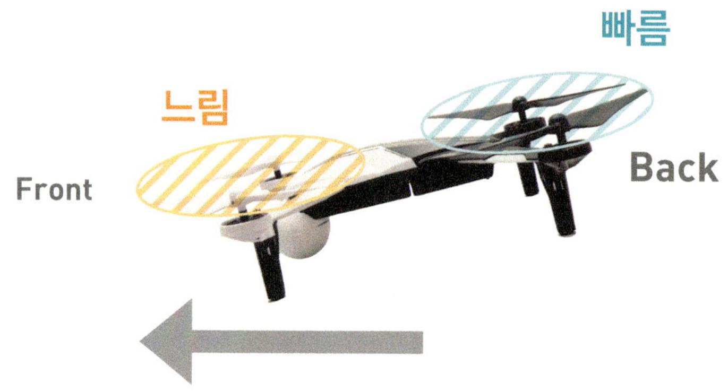

앞의 모터보다 뒤쪽의 모터 회전수를 빠르게 회전하여 회전면이 앞으로 기울도록 하면 앞으로 전진이 되고 후진비행은 반대이다.

2. 좌, 우측 이동

우측이동 롤(Roll)의 원리

회전속도가 빠른 좌측이 올라가고 속도가 낮은 우측이 내려감으로서 기체가 옆으로 기울어진 상태에서 기체는 평행하게 우측으로 이동한다. 반대도 마찬가지이다.

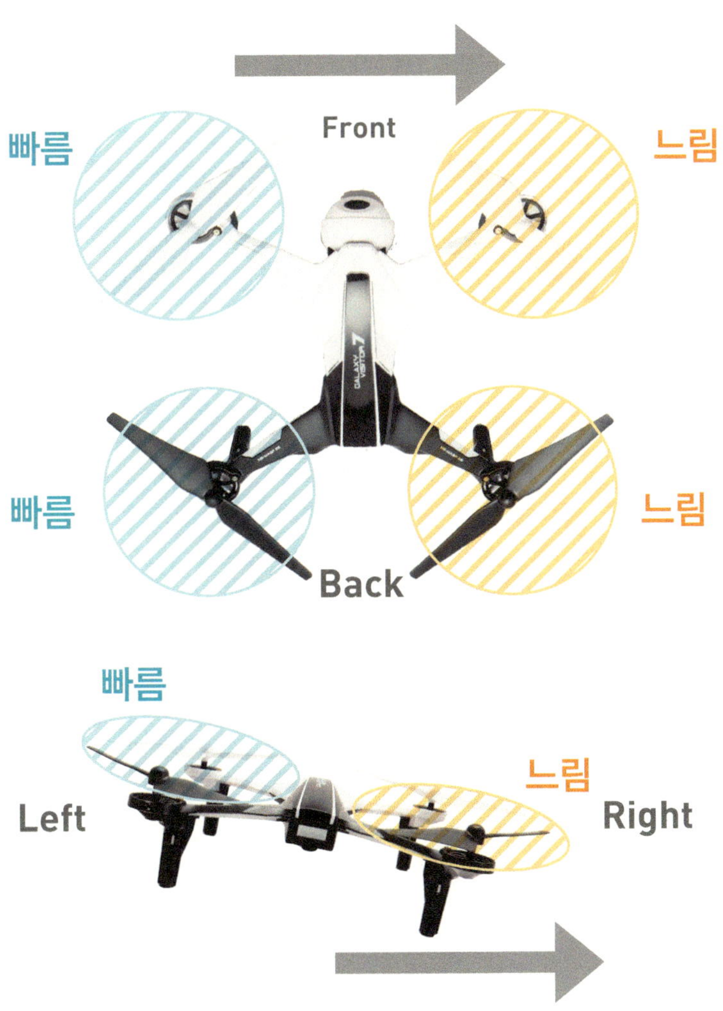

전, 후진 원리와 같이 좌측으로 이동 시 좌측 두 개의 모터 회전수를 느리게 하고, 우측 두 개의 모터 회전수를 빠르게 하여 회전면이 좌측 또는 우측으로 경사지게 하면 이동된다.

3. 좌, 우측 기수전환의 원리

좌측선회 요우(Yaw)의 원리

오른쪽으로 도는 로터의 회전속도가 왼쪽으로 도는 로터보다 빠르면 기체 전체가 좌측으로 돌아간다. 반대로 좌회전이 우회전보다 빠르면 우측으로 돌아간다.

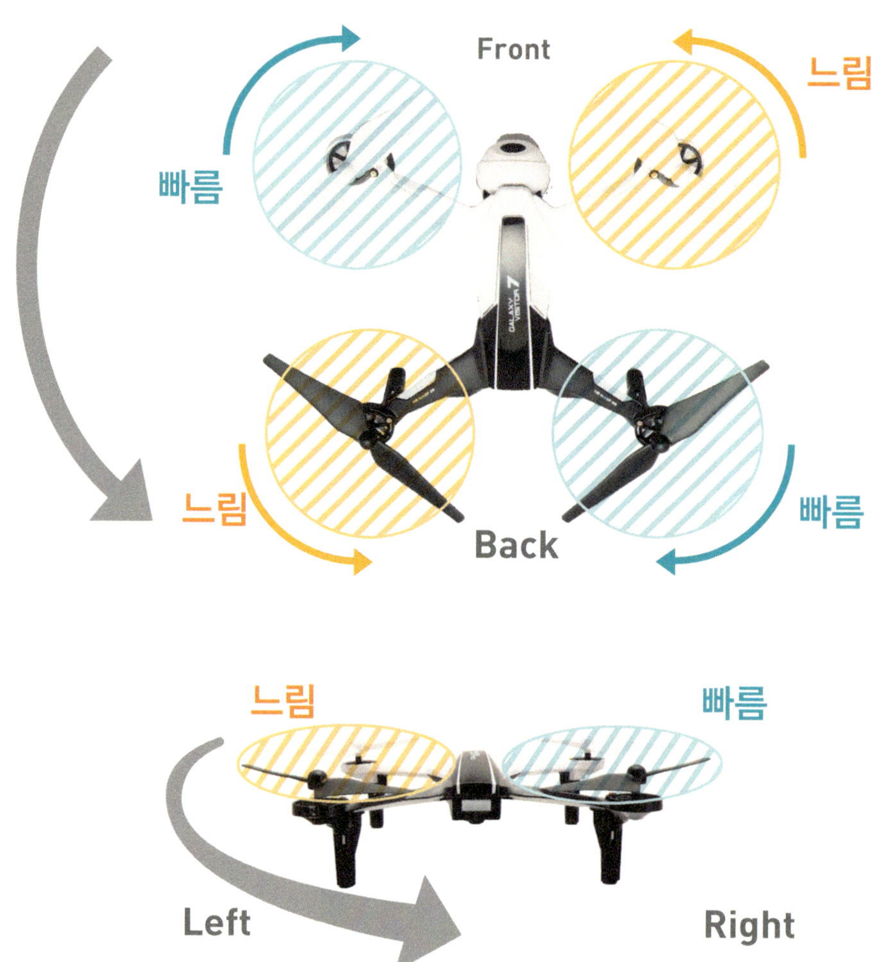

좌측 선회는 오른쪽으로 회전하는 모터의 회전속도가 왼쪽으로 회전하는 모터보다 빠르면 기체 전체가 좌측으로 회전하게 된다. 우측선회 원리는 반대이다. (작용 반작용의 원리)

❸ 각 부품의 명칭과 기능

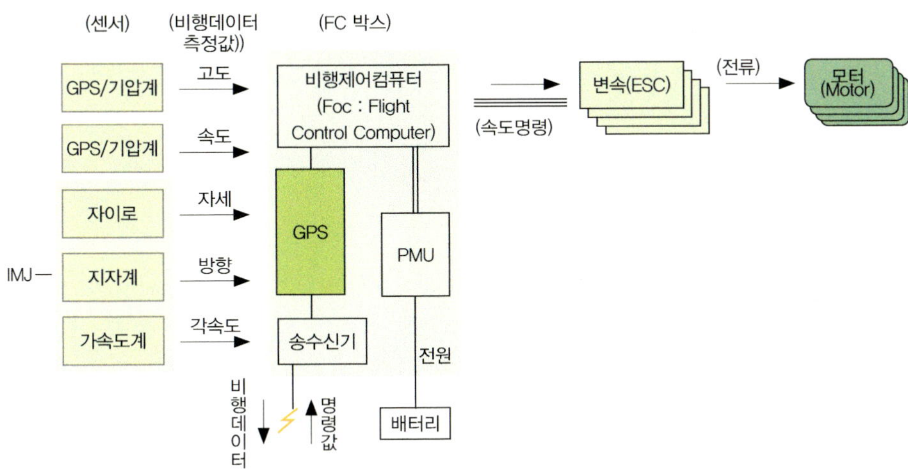

1. 비행제어기FC(flight controller)

무선 조종기의 수신기와 ESC(Electronic Speed Controls, 전자 속도제어) 사이에 연결되어 있다. FC는 무선 조종기에서 보내는 조종 명령과 자이로 센서 등의 입력에 따라 ESC에 모터를 제어하는 신호를 보내는 역할을 한다. 즉, 기체를 안정적으로 비행하게 하도록 모터를 제어한다. FC에는 다양한 종류와 많은 기능을 가지고 있는데, 항공 촬영 드론의 경우는 GPS기능이 필요하지만, 레이싱 쿼드는 일반적으로 필요 없는 기능이다. FC를 선택할 때 납땜 여부를 확인해야 한다.

2. 자이로센서: 기체의 중력 방향에 대한 자세(기울기)를 계측할 수 있다.

기본적으로 회전하는 물체의 역학운동을 이용한 개념으로 위치 측정과 방향 설정 등에 활용되는 기술이다. 스마트 폰, 리모컨, 비행기나 위성의 자세제어 장치 등에 광범위하게 사용된다. 지구의 회전과 관계없이 높은 정확도로 항상 처음에 설정한 일정 방향을 유지하는 성질을 이용하여 물체의 방위 변화를 측정하는 센서이며, 항공기, 함정, 유도 무기, 차량 등 다양한 분야에서 항법용, 자세 제어용 등으로 사용되고 있다. 자이로스코프에는 기계적인 방식과 광을 이용하는 광학식이 있다.

3. 가속도 센서 기체의 기울어지는 속도를 계측할 수 있다.

4. 자세제어장치

모든 제어장치는 기울어짐을 감지한 경우에는 즉시 회복하도록 로터출력을 제어하는 자세 안정화 기능이 탑재되어 있다. 가속도 센서로부터 얻은 기울기를 근거로 기울어진 쪽의 로터 출력을 증가시키고, 자이로 센서로부터 얻은 회전상태를 근거로 모터를 제어한다.

5. 전자변속기(ESC : Electronic Speed Sontroller)

모터의 방향과 속도를 제어할 수 있도록 해주는 장치. 비행제어시스템의 명령 값에 따라 적정 전압과 전류를 조절하여 실제 비행체를 제어할 수 있도록 한다.

6. 기압센서 : 온도, 압력, 고도측정을 할 수 있다.

7. 지자기센서

지자기를 검출하는 데 사용되는 센서. 가장 간단한 것은 지침으로서, 지자기의 방향을 직접 알 수 있을 뿐 아니라, 진동주기로부터 크기를 알 수 있다. 자침 이외에도 더욱 감도 높게 더욱 간편하게 지자기를 검출하기 위해서 많은 센서가 개발되고 있다. 회전 코일을 사용한 자기의(磁氣儀), 강자성체의 자기포화 현상을 이용한다.
포화 철심형(fluxgate) 자력계, 양성자(proton)의 핵자기 공명을 이용한 자력계, 루비듐이나 세슘원자의 제이만효과를 이용한 광(光) 펌핑 자력계, 초전도 현상을 이용한 SQUID 등이 있어 장점을 살려 사용되고 있다.

8. GPS수신기

전 세계에 걸쳐 이용하는 위성항법측위시스템으로 위성을 관측하여 위치를 결정하는 방식의 수신기

9. IMU (Inertial Measurement Unit) 관성측정 장치

이동물체의 속도와 방향, 중력, 가속도를 측정하는 장치로 비행 컨트롤러가 항공기의 활동을 모니터할 수 있도록 도와주는 센서들로 구성된 핵심장치다. IMU의 구성요소는 자이로스코프, 가속도계, 지자계 센서이다.

10. PMU (Power Management unit) 전원관리장치

4 안정성 인증검사, 비행계획승인

1. 안정성인증검사 (항공안전법 124조)

1. 최대이륙중량 25kg 초과 무인비행장치는 항공안전기술원으로부터 안전성 인증 검사를 받고 비행하여야 한다.

2. 초경량비행장치를 사용하여 비행하려는 자는 비행안전을 위한 기술상의 기준에 적합하다는 안전성 인증을 받아야 한다.

3. 동력비행장치, 행글라이더/패러글라이더/낙하산류(레저산업 사용), 기구류(사람이 탑승하는 것), 멀티콥터: 최대 이륙중량 25kg 초과, 회전익 비행장치, 동력 패러글라이더 등

4. 유효기간 : 1년

② 비행계획승인 _(항공안전법 127조)

1. 최대 이륙중량 25kg 이하의 기체는 비행금지구역 및 관제권을 제외한 공역에서 고도 150m 이하에서는 비행 승인 없이 비행할 수 있다.

2. 최대 이륙중량 25kg 초과의 기체는 전 공역에서 사전 비행 승인 후 비행할 수 있다.

3. 최대 이륙중량 상관없이 비행금지구역 및 관제권에서는 사전 비행 승인 없이는 비행 불가하다.

4. 초경량비행장치 전용 공역에서는 비행승인 없이 비행이 가능하다.

5. 비행계획 제출 양식과 포함내용은 초경량비행장치 승인신청서를 참고하며, 최근에는 On – Line One Stop 민원서비스를 이용한다.

6. 기타 비행 전 안전관리 사항 : 비행 전 기체 및 조종기 점검, 비행계획 구역 내의 동일 주파수 사용 여부 확인, 비행계획 구역 주변의 비행금지 구역 또는 위험지역 확인, 이착륙장 주변의 인원 통제 및 장해물 확인, 현장의 기상 상황 및 주변 상공의 다른 항공기 접근 여부 확인 등 비행규정, 정비규정 등

7. 비행승인 기관

구분	비행금지구역 (P–73, P–65등)	비행제한구역 (R–75)	민간관제권 (반경 9.3km)	군 관제권 (반경 9.3km)	그 밖의 지역 (고도 150m 이상 등)
촬영허가 (국방부)	O	O	O	O	O
비행허가 (군)	O (*원자력B:지방항공청)	O	X	O	X
비행승인 (국토부)	X	X	O	X	X
공통사항	• 위 모든 사항은 최대 이륙중량 25kg 이하의 기체, 고도 150m 이하로 한정했을 때 만 적용됨. • 공역이 2개 이상 겹칠 경우 각 기관 허가사항 모두 적용 • 고도 150m 이상 비행이 필요한 경우 공역과 관계없이 국토부 비행계획 승인 요청 • 서울 시내 비행금지, 제한지역 비행시 고도에 상관없이 수도방위사령부에 승인을 받아야 함.				

❺ 배터리 취급 시 주의사항

❶ 배터리 사용 시 주의사항

1. 매 비행 시 마다 배터리를 완충한다.

2. 정해진 모델의 충전기만을 사용해야 한다.

3. 저 전력 경고가 점등될 경우 즉시 복귀 및 착륙시켜야 한다.

❷ 배터리 충전 시 주의사항

1. 배터리 충전 시에는 항상 모니터링

2. 충전이 다 됐을 경우 배터리를 분리한다.

❸ 배터리 보관 시 주의사항

1. 10일 이상 사용하지 않고 보관할 경우 60%~70% 정도까지 방전시킨 후 보관한다.

2. 비행체를 장기 보관할 경우 배터리를 분리한다.

❹ 배터리 정비 시 주의사항

1. 과도하게 방전시키면 배터리 셀이 손상되므로 주의한다.

2. 배터리를 장시간 사용하지 않을 경우 수명이 단축된다.

❺ 배터리 폐기 시

소금물에 3일 정도 담궈둔다.(바다물 정도의 염도 물과 소금 5:5)

※ Li-Po 배터리의 이해

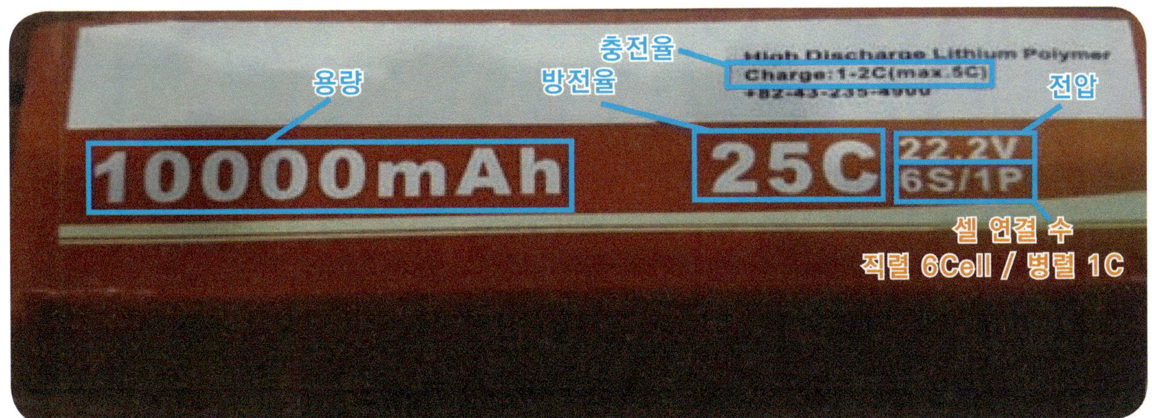

1. 6S/1P : Cell 연결 개수 표시

리튬폴리머 배터리의 Cell의 직렬 연결수를 S(serial, 직렬)자로 표기하는데, 6S는 6개의 Cell을 직렬로 연결했다는 것이다. 1P(Parallel, 병렬)자는 병렬로 연결되어 있다는 것이다. 즉 3.7V 셀 6개가 직렬로 연결된 것이 1개로 되어 있다는 것이다.

2. 22.2V : Cell의 수와 전압

리튬폴리머 배터리의 Cell 당 전압은 3.7V이다. 전압은 3.7V * 6 = 22.2V

3. 10000mAh : 배터리 용량

배터리의 용량은 Ah(암페어) 또는 mAh(미리 암페어)로 표시된다. 10,000mAh(10Ah)는 10Ah로 사용할 때 1시간을 사용할 수 있는 양을 말한다.

4. 25C : 배터리 방전율

배터리 표면에 보면 15C, 20C, 25C, 30C, 35C, 40C, 50C 등의 표기를 볼 수 있는데, 방전율을 표시한다

방전율이란 배터리의 출력과 관련이 있는데, 순간적으로 얼마나 많은 에너지를 뽑아쓸 수 있는 가를 말한다.

25C는 순간적으로 배터리의 용량을 20배를 방출할 수 있다는 것을 의미한다.

5. 배터리 출력

방전율 값(C)과 전류량(배터리 용량)을 곱하면 배터리의 출력을 계산할 수 있다.

6C * 10Ah = 60 이렇게 구한 배터리의 출력이 모터가 얼마 동안 작동할 수 있는지를 알려준다.

※ 방전율이 무조건 높은 것이 좋은 것은 아니다. 방전율이 높으면 출력은 좋지만, 배터리 수명이 짧아질 수 있다.

2 조종자에 관련한 사항 [초경량비행장치 조종자 준수사항, 항공안전법 129조, 시행규칙 310조]

❶ 초경량비행장치 조종자

법 제129조 제1항에 따라 다음 각호의 어느 하나에 해당하는 행위를 하여서는 아니 된다. 다만, 무인비행장치의 조종자에 대하여는 제4호 또는 제5호를 적용하지 아니한다.

1. 인명이나 재산에 위험을 초래할 우려가 있는 낙하물을 투하하는 행위

2. 인구가 밀집된 지역이나 그 밖에 사람이 많이 모인 장소의 상공에서 인명 또는 재산에 위험을 초래할 우려가 있는 방법으로 비행하는 행위

3. 법 제78조 제1항에 따른 관제공역. 통제공역. 주의공역에서 비행하는 행위다만, 다음 각 목의 행위와 지방항공청장이 허가를 받은 경우에는 제외한다.

　1. 군사 목적으로 사용되는 초경량비행장치를 비행하는 행위
　2. 다음의 어느 하나에 해당하는 비행장치를 별표 23호 제2호에 따른 관제권 또는 비행 금지구역이 아닌 곳에서 제202조 제1호 나목에 따른 최저비행고도(150m) 미만의 고도 에서 비행하는 행위
　　1) 무인비행기, 무인헬리콥터 또는 무인멀티콥터 중 최대이륙중량 25kg 이하인 것
　　2) 무인비행선 중 연료의 무게를 제외한 자체 무게가 12kg 이하이고, 길이가 7m 이하인 것

4. 안개 등으로 인하여 지상 목표물을 육안으로 식별할 수 없는 상태에서 비행하는 행위

5. 별표 24에 따른 비행시정 및 구름으로부터의 거리 기준을 위반하여 비행하는 행위

6. 일몰 후부터 일출 전까지의 야간에 비행하는 행위. 다만, 제 202조 제1호 나목에 따른 최저비행 고도(150m) 미만의 고도에서 운영하는 계류식 기구 또는 법 제124조 전단에 따른 허가를 받아 비행하는 초경량비행장치는 제외한다.

7. 주세법 제3조 제1호에 따른 주로, 마약류 관리에 관한 법률 제2조 제1호에 따른 마약류 또는 화학물질관리법 제22조 제1항에 따른 환각물질 등(이하 "주류 등"이라 한다)의 영향으로 조종 업무를 정상적으로 수행할 수 없는 상태에서 조종하는 행위 또는 비행 중 주류 등을 섭취하거나 사용하는 행위

8. 그 밖에 비정상적인 방법으로 비행하는 행위

2 초경량비행장치 조종자는

항공기 또는 경량항공기를 육안으로 식별하여 미리 피할 수 있도록 주의하여 비행하여야 한다.

3 동력을 이용하는 초경량비행장치 또는 조종자는

모든 항공기, 경량항공기 및 동력을 이용하지 아니하는 초경량비행장치에 대하여 진로를 양보하여야 한다.

4 무인비행장치 조종자는

해당 무인비행장치를 육안으로 확인할 수 있는 범위에서 조종하여야 한다. 다만, 법 제124조 전단에 따른 허가를 받아 비행하는 경우는 제외한다.

3 공역 및 비행장에 관련한 사항

1 비행금지구역

안전, 국방상 그 밖의 이유로 항공기의 비행을 금지하는 공역

1. P-73A : 청와대 인근(중심반경 2.0NM), 적절한 허가 없이 침범 시 격추, P-73A 내의 비행은 비행 7일 전 육군 수도방위사령부의 승인을 받아야 함.

2. P-73B : 청와대로 인근(중심반경 4.5NM), 적절한 허가 없이 침범 시 경고사격, P-73B 내의 비행은 비행 7일 전 육군 수도방위사령부의 승인을 받아야 함.

* NM : 해리(海里, nautical mile)는 길이의 단위로, 국제단위계에는 속하지 않지만, 함께 사용할 수 있다. 이 단위는 해양 및 항공 분야에서 사용되며, 국제법과 조약, 특히 영해를 정하는 데 자주 사용된다. 1929년에 국제 수로국에서 정의한 1해리의 길이는 위도 1' (1'은 1°의 60분의 1에 해당하는 각도이다)에 해당하는 길이로 1,852m, 6076.12 피트와 같다. 단위는 nautical mile을 줄여 nmile로 사용한다. 1 노트(knot)는 1해리/시간에 해당하므로 두 단위는 유사(quasi) SI 단위계에 속한다. (1NM = 1nmile/h)

3. P-518 : 휴전선 부근(휴전선 이남 지역-경기 북부, 강원 북부)

4. 원전 지역 : 중심으로부터 A 지역 3.7km, B 지역 19km
   P-61 고리, P-62 월성, P-63 영광, P-64 울진, P-65 대전

2 비행제한공역

항공사격, 대공사격 등의 위험으로부터 항공기의 안전을 보호하거나 그 밖의 이유로 비행허가를 받지 아니한 항공기의 비행을 제한하는 공역

1. R-75 : 서울지역 비행제한 구역으로 비행허가를 받지 않는 항공기의 비행을 제한하는 공역

2. 군/민간 비행장 주변 9.3km

3 관제공역

비행장 또는 공항과 그 주변의 반경 9.3km 공역으로 항공교통의 안전을 위하여 국토교통부장관이 지정, 공고한 공역

4 허용고도

비행금지, 제한, 관제 공역 등을 제외한 150m 이내

4 기상에 관련한 사항

❶ 기상조건(강수, 번개, 안개, 강풍, 주간)

비, 눈, 태풍, 번개, 천둥 등 악기상 시 비행을 금지하며 풍속은 방제용 드론의 경우 5m/sec 이내에서 비행하여야 한다.

❷ 우리나라에 영향을 미치는 기단

늦봄, 초여름(오호츠크해 기단) / 봄, 가을(양쯔강 기단) / 여름(북태평양 기단) / 겨울(시베리아 기단)

❸ 바람이 부는 이유

태양 복사열로 인해 육지, 바다, 해수면의 온도 차이로 인해 기압 차이가 발생하고 그로 인해 기압이 높은 곳에서 낮은 곳으로 공기가 이동하는 현상이다. (낮: 바다에서 육지로, 골짜기에서 산마루로 (해풍) / 밤 :육지에서 바다로, 산마루에서 골짜기로 (육풍))

❹ 비가 내리는 구름

난층운(저고도의 통상적인 비), 적란운(천둥, 번개의 뇌우 시)

❺ 여름/겨울철 비행 시 공기밀도 차이점

외부 온도 변화로 인한 공기밀도 차이에 의해 양력 변화가 크다. 따라서 동력에 영향을 많이 준다.

1. 여름 : 외부 온도 높음 〉 공기 밀도 희박 〉 양력 손실이 큼 〉 상대적 동력사용 증가 (이륙거리가 더 길어짐)
2. 겨울 : 외부 온도 낮음 〉 공기 밀도 높음 〉 양력 발생효율 증가 〉 상대적 동력사용 감소 (이륙거리가 짧아짐)

5 일반지식 및 비상절차에 관한 사항

① 비행계획 (비행계획 승인 참조 29P)

② 비상절차

1. 초경량비행장치에 비상사태가 발생 시 최우선으로 주위에 비상상황을 전파한다.
2. 초경량비행장치를 안전한 곳으로 신속히 착륙한다.
3. 기체를 점검한다.

③ 충돌예방(우선권)

동력을 이용하는 초경량비행장치 또는 조종자는 모든 항공기, 경량항공기 및 동력을 이용하지 아니하는 초경량비행장치에 대하여 진로를 양보하여야 한다.

④ NOTAM(항공고시보, Notice to Airman)

항공고시보라고 하며. 항공시설, 업무 절차 또는 위험요소의 신설, 운용상태 및 그 변경에 관한 정보를 수록하여 전기 통신수단으로 항공종사자들에게 배포하는 공고문으로 통상 28일 주기로 공고되나 최대 유효기간은 3개월이다.

⑤ AIC(항공정보회람, Aeronautical Information Circular)

AIP나 NOTAM으로 전파될 수 없는 주로 행정 사항에 관한 항공정보를 제공하는 것으로 법령, 규정, 절차 및 시설 등의 주요한 변경이 장기간 예상되거나 비행기 안전에 영향을 미치는 사항이나 기술, 법령 또는 순수한 행정 사항에 관한 설명과 조언의 정보 통지하거나 매년 새로운 일련번호를 부여하고 최근 유효한 대조표는 1년에 한 번씩 발행한다.

6 이륙 중 엔진 고장 및 이륙 포기(이륙 중 비정상 상황 시 대응방법)

이륙 중 엔진 고장이나 비정상 상황 시 이륙을 포기하고 신속히 착륙하여 기체를 점검한다.

7 기타

1. 항공기에 작용하는 힘 : 양력, 중력, 추력, 항력

2. 정지 호버링 시 작용하는 두 가지 힘 : 양력, 중력

3. 비행 시 필수적으로 휴대하여야 할 것 : 자격증, 비행승인서, 안정성인증서, 비행기록부

4. 헬리콥터와 멀티콥터의 구조적인 차이와 양력발생원리 차이 : 헬리콥터는 1개 또는 2개의 콥터이며, 멀티콥터는 4.6.8개 등의 멀티로 된 콥터(Copter)임. 양력발생원리는 헬리콥터는 운용 rpm 가운데 피치를 변동시켜 양력을 발생시키며, 멀티콥터는 피치를 변경시켜 놓은 상태에서 모터의 회전수에 변화를 주어서 양력이 많게 적게 발생하도록 함. 따라서 헬리콥터는 변동 가변피치라 하며 멀티콥터는 고정피치라 함.

5. 조종기의 GO HOME, Fail Safe 기능

  1) go home : 지정장소로 이동하거나 이륙지점으로 돌아오게 하는 기능

  2) fail safe : 조종기와 연결이 끊긴 경우 기체가 자동으로 안전하게 이륙지점으로 돌아와서 착륙하는 기능

6. 레귤레이터 : 기체에 전압을 일정한 값으로 흐르게 해주는 장치

7. 마그네틱 : 기체의 진북, 자북을 설정해 주는 장치

8. 비행 중 사고 발생시 신고기관 : 항공철도 사고조사위원회, 지방항공청(서울), 119구조대

9. 안정성 인증검사 기관 : 항공안전기술원

10. GPS 모드, 자세 모드, 매뉴얼 차이점

  1) GPS 모드 : 자세제어에 GPS를 이용한 위치제어가 포함되어 자동으로 자세 및 위치를 인식하여 제어하는 모드

  2) 자세 모드 : 자이로 센서에 의해 자동으로 비행자세를 유지시켜 수평을 잡아주는 모드

  3) 매뉴얼 모드 : 완전한 수동 모드로서 자세제어가 없는 모든 비행조종을 조종사가 직접 감각으로 조종하는 모드

11. 로터 개수에 의한 드론 명칭: 4개 쿼드, 6개 헥사, 8개 옥토 콥터, 12개 도데카 라 칭한다.

12. 사고발생시 미신고, 거짓신고 시 과태료 : 1차 위반 5만 원, 2차 15만 원, 3차 30만 원

13. 피치(Pitch)의 의미: 로터가 한 바퀴 회전했을 때 전진한 거리를 피치라고 한다. 단위는 inch를 사용한다.

14. 피치각(깃각)의 의미: 로터의 깃각은 깃의 전길이에 걸쳐 일정하지 않고 익근에서 익단으로 갈수록 작아진다. 통상 pitch 각을 대표하여 표현할 때는 rotor 중심으로부터 75% 되는 지점 위치의 각을 말한다.

15. 유효피치: 로터가 1회전 할 때 실제로 전진한 거리로서 회전속도에 따라 변한다. 유효피치는 기하학 피치(이론적인 진행 거리)보다 작다.

16. 모터스펙 : 8025-100kV(kV값: 전압 1V당 회전수)
(80은 모터 지름길이, 25는 모터 높이, 100kv는 1V의 전압으로 분당 100rpm을 작동)

17. 항공기 3개 축(운동)

1) 피칭(pitching) : 항공기의 가로축을 기준으로 한 기수의 상하운동(Y축)

2) 롤링(rolling) : 항공기의 세로축을 기준으로 한 좌우 운동(X축)

3) 요잉(yawing) : 항공기의 수직축을 기준으로 한 기수의 좌우 운동(Z축)

18. 지방항공청별 관할지역

1) 서울지방항공청 : 서울, 경기, 인천, 강원, 대전, 충남, 충북, 세종, 전북

2) 부산지방항공청 : 부산, 대구, 울산, 광주, 경남, 경북, 전남

3) 제주지방항공청 : 제주

19. 신고번호 S7646A의 의미 :

1) S(초경량비행장치) /

2) 7001~7999(무인회전익비행장치) /

3) A(식별부호 : 서울/부산 A, B, C...소진 시 계속 이어나감/ 제주 J부여)

20. 빨강색 LED 등 점등의 의미(비행 중)
　　* 간헐적 점등(GPS 신호 수신감도 저하), 연속적 점등(배터리 저 전압 경고)

<h3 align="center">FC LED의 GPS 신호표</h3>

색 상	점등횟수	의 미
초록 또는 보라색	∞	아주 좋음 (GPS 7개 이상 수신)
초록 또는 보라색 에 간헐적인 빨강	빨강(1)	좋음 (GPS 6개 이상 수신)
초록 또는 보라색 에 간헐적인 빨강	빨강(2)	나쁨 (GPS 5개 이상 수신)
초록 또는 보라색 에 간헐적인 빨강	빨강(3)	아주 나쁨 (GPS 5개 미만 수신)

21. FC 연결도 및 위치(GPS안테나, IMU, 메인컨트롤러, PMU, LED, 변속기)

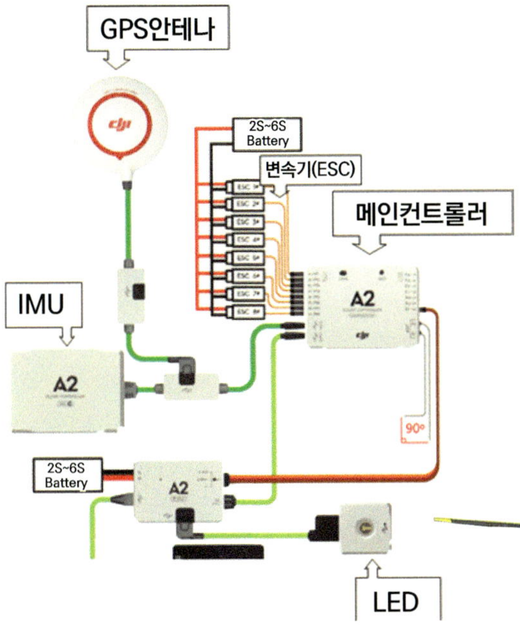

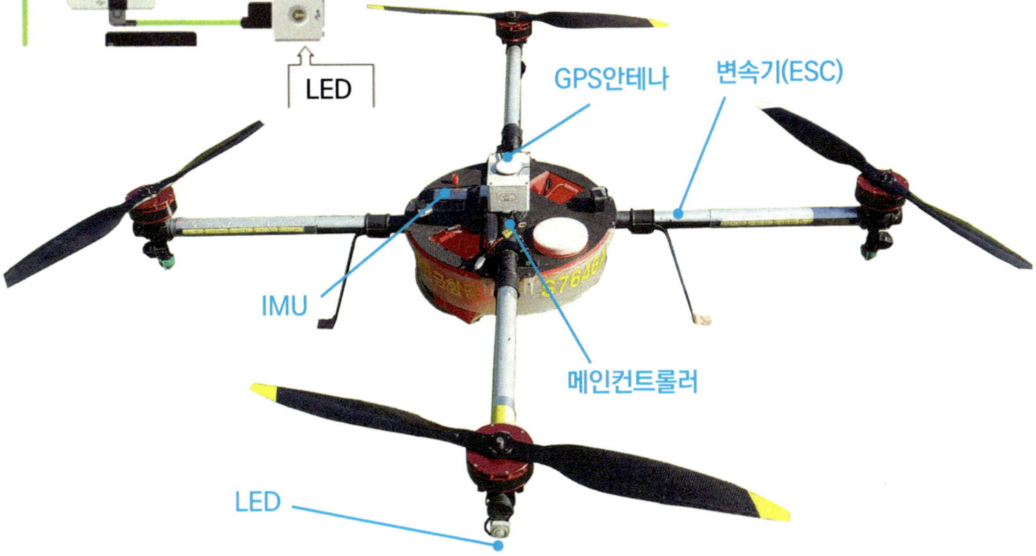

1 기체에 관한 사항

Q. 사용하는 멀티콥터 조종기 주파수는?

A. 2.4 ~ 2.483GHz

Q. IMU, FC의 개념은?

A. *IMU(Inertial Measurement Unit) – 관성측정장치, 기체의 자세제어를 위해 롤(Roll), 피치(Pitch), 요(Yaw)의 기울기 및 고도를 측정하는 장치로 자이로센서, 가속도센서, 공기압계 센서가 내장되어 있다.

*FC(Flight Controller) – 비행을 제어하는 전자장치로 수신기, MC(Main Controller), IMU(Inertia Measurement Unit), GPS, ,PMU(Power Management Unit), LED표시등 등이 있다.

Q. 로터의 개념(길이, 단위, 1피치의 개념, 2880의 개념, 피치각 20도의 위치)은?

A. 로터의 2880 개념해석은 로터의 직경이 28inch이며, 1피치가 8.0inch이다. 로터의 기본단위는 inch를 사용하며, 1피치란 로터가 1회전 하여 전진한 거리를 의미한다. 피치각이란 익근으로부터 75% 지점의 각도를 측정한 값을 말한다.

Q. Main BAT의 정격 전압은?

A. 1. 1cell의 정격전압은 3.7V이고, 완충 시는 4.2V이다.
2. 6cell의 정격전암은 22.2V이고, 완충 시는 25.2V이다.

Q. 기체의 북쪽방향을 가리키는 장치는?

A. GPS안테나 내부에 있는 '지자기 센서'가 전자 나침반 역할을 하여 지구의 자기(지자기)를 통해 동서남북 방향을 알려주는 센서이다.

Q. FC의 LED 상태 표시등의 색상, 점등횟수의 개념은 무엇인가?

A. 제조사 별로 상이하지만 통상적으로 GPS 모드는 '보라색' 또는 '녹색'이며, GPS 수신감도가 줄어들거나 불량일 경우 '빨강색'이 점등된다. 자세 모드(Atti)는 '노란색'이다.

Q. 배터리에 대하여?

A. 1. LiPo(Lithium Polymer) 배터리의 개념 : 리튬폴리머 배터리는 고체(젤)형 태인 폴리머 전해질을 사용하는 배터리이다. 그래서 액체 전해질 형태의 리튬이온 배터리보다 안전성 및 효율이 더 높다. 하지만 가격이 비싸다.

2. 사용처별 배터리의 종류

  1) Main, FC : 리튬 폴리머   2) 조종기 : 니켈수소 / 리튬철

종 류	일반전지		충전전지			
	망간전지	알카라인전지	니켈카드뮴 (Ni-Cd)	니켈수소 (Ni-MH)	리튬이온 (Li-ion)	리튬폴리머 (Li-Po)
전압(V)	1.5 V		1.2 V		3.7 V	3.7 V
메모리효과	해당없음		해당	해당	거의 없음 (완전방전 시 수명감소)	해당없음
특 징	–	망간전지 용량 3배	알카라인 용량 2배	니켈카드뮴 용량 2배	니켈수소 용량 2배	리튬이온 보다 안전성 뛰어남

**메모리 효과 : 충전지를 완전 방전시키지 않고 잔량이 남은 상태로 재충전하면 배터리 스스로 완전 방전으로 기억(Memory)하여 충전지 수명이 줄어드는(최대용량이 적어짐) 현상이 발생한다.

3. LiPo 배터리 1cell당 전압 : 3.7V (완충 시 4.2V)

4. 방전율(C-rate)에 대한 개념 : 방전율은 C로 표기한다. C는 Capacity(용량)을 의미하며, 배터리에 영향을 주지 않는 범위 내에서 변속기에 1C는 배터리 용량의 1배 전류를 출력할 수 있다는 것이고, 20C는 용량의 20배 전류를 출력할 수 있다는 의미이다. 또한, 충전 시 C를 참고하여 충전전류를 설정하고 충전시간을 예상할 수 있다.

5. 취급 시 주의사항 : 온도와 충격에 주의한다.
   1) 배터리를 상온에서 사용 및 보관하며, 너무 춥거나 더운 곳은 피한다.
   2) 충전 시 배터리가 충분히 식은 후 충전한다.
   3) 장기보관 시 배터리의 50% 전압, 1cell 3.6V~3.8V로 보관한다.
   4) 폐기 시 완전방전을 위해 방전기(전구, 모터) 또는 소금물에 하루 정도 담가두어 완전방전 시킨 후 폐기한다.

기체의 자체 중량과 최대이륙중량의 차이점은 무엇인가?

1. 자체중량 : 연료의 무게를 제외한 순수 기체의 무게를 뜻하며, 멀티콥터에서 BAT는 포함하여 무게를 계산한다.
2. 최대이륙중량 : 적재량을 포함하여 이륙 시의 총무게로서 방재용은 방재 물량을 최대로 적재하였을 시이고 촬영용 등 기타는 촬영용 카메라를 장착하여 이륙 시의 무게이다.

이 기체의 최대이륙 중량은 얼마인가?

이 기체는 자체중량 12.5kg에 10ℓ 적재물(10kg)을 포함하여 최대이륙중량이 22.5kg이다.

기체의 크기는?(가로 x 세로 x 높이)mm?

기체의 기종에 따라 거의 다르다.
1. 크기 : 가로 × 세로 × 높이를 mm 단위로 대답한다. (예, 1,650×1,650×630mm)
2. 로터 : 고정 피치, 18inch, 피치각 25도(1피치는 6.5inch)
3. 무게 : 자체 무게는 12.5kg, 적재중량 10kg, 이륙 총중량은 22.5kg

rotor의 pitch 각이란 무엇인가?

1. pitch의 의미 : rotor를 1회전 시켰을 때 전진한 거리를 의미한다.
2. pitch 각이란 : pitch의 전 길이에 걸쳐 일정하지 않고 익근에서 익단으로 갈수록 그 크기가 점점 작아진다. 통상 pitch 각을 대표하여 표현할 때는 rotor 중심으로부터 75% 되는 지점 위치의 각을 말한다.
   (28×8일 경우 rotor가 한 바퀴 회전 시 8inch 전진한다는 뜻이다.)

모터의 kV의 의미는 무엇인가?

1. kV값: 전압 1V당 회전수
2. 모터 스펙으로 8025−100kV
   (80은 모터 지름길이, 25는 모터 높이 100kV는 1V의 전압으로 분당 100rpm을 작동)

GPS 모드와 자세 모드(Atti)의 차이점은 무엇인가?

1. GPS 모드 : 자세제어에 GPS를 이용한 위치제어가 포함되어 자동으로 자세 및 위치를 인식하여 경로 비행까지 실시할 수 있는 모드이다.
2. 자세 모드 : 자이로 센서에 의해 자동으로 비행자세를 유지해 수평을 잡아주는 모드이다.
3. 차이는 자세 모드에서는 비행자세를 유지해 주는 반면 GPS 모드는 자세 + 위치제어가 포함된 것이다.
4. 매뉴얼 모드 : 완전한 수동 모드로서 자세제어가 없는 모든 비행조종을 조종사가 직접 감각으로 조종하는 모드이다.

장착된 센서의 종류와 각각의 기능은 무엇인가?

1. 자이로 센서 : 비행체 자세(수평)유지
2. 가속도 센서 : 비행체 자세 변화 속도
3. 지자기 센서(지자기 Compass) : 비행체 방향
4. 기압 센서 : 비행체의 고도유지
5. GPS 수신기: 비행체의 위치

Q. 비행장치의 위치와 기수 방향을 제어하는 센서는?

A.
1. 위치제어 : GPS
2. 기수 방향 제어 : 지자기 Compass

Q. 멀티콥터의 로터 개수에 따른 명칭?

A.
4개(Quad-Copter : 쿼드콥터), 6개(Hexa-Copter : 헥사콥터)
8개(Octo-Copter : 옥토콥터), 12개(Dodeca : 도데카)

2 항공관련 법규에 관련된 사항

Q. NOTAM이란 무엇인가?

A. "항공고시보"라고 한다.
1. 비행장(헬기장 포함) 또는 활주로의 설치, 폐쇄 또는 운용상 중요한 변경, 비행금지구역, 비행제한구역, 위험구역의 설정, 폐지(발표 또는 해제포함) 또는 상태의 변경 등의 정보를 수록하여 항공종사자들에게 배포하는 공고문이다.
2. 항공고시보는 통상 28일 주기로 발행하며, 최대 유효기간은 3개월이다.

Q. 신고번호 S7646A의 의미는 무엇인가?

A.
1. S : 초경량비행장치
2. 7646 : 7001~7999 는 무인회전익비행장치
3. A : 식별부호로 서울/부산 A, B, C ...... 소진 시 계속 이어나감/ 제주는 J부여

Q. 비행장치의 안정성 인증기관은?

A. 항공 안전기술원(2017. 11월 이전에는 교통안전공단에서 실시하였음)

Q. 안전성 인증검사 종류는?

A.
1. 초도검사 : 비행장치 설계 및 제작 후 최초로 안전성 인증을 받기 위해 행하는 검사
2. 정기검사 : 초도검사 이후 안전성 인증서의 유효기간이 도래하여 새로운 안전성 인증서를 교부받기 위해 실시하는 검사.
3. 수시검사 : 비행장치의 비행안전에 영향을 미치는 엔진 및 부품의 교체 또는 수리 및 개조 후 비행장치 안전기준에 적합한지를 확인하기 위해 행하는 검사.
4. 재검사 : 정기검사 또는 수시검사에서 불합격 처분된 항목에 대하여 보완 또는 수정 후 행하는 검사.

Q. P-73 비행금지구역이란?

A.
1. 서울지역 비행금지구역으로 청와대를 기준으로 A 구역은 2NM이고, B 구역은 중심 반경 4.5 NM의 거리이다.
2. 모든 항공기를 포함하여 침범 시 격추를 당하며, 육군의 수도방위사령부에서 통제.

Q. R-75 비행제한 구역이란?

A.
1. 서울지역 비행제한 구역으로서 서울 외곽으로 설정되어 있다.
2. 수도방위사령부 방공작전통제소에서 통제

Q. 지방항공청별 관할지역은?

A. 서울지방항공청, 부산지방항공청, 제주지방항공청 등 3개

1. 서울지방항공청 : 서울, 경기, 인천, 강원, 대전, 충남, 충북, 세종, 전북
2. 부산지방항공청 : 부산, 대구, 울산, 광주, 경남, 경북, 전남
3. 제주지방항공청 : 제주

Q. 비행 중 유인헬리콥터가 착륙하려할 때 준수사항은?

A. 초경량비행장치는 비행기나 헬리콥터 근처에서 비행하지 말아야 하며, 비행기나 헬리콥터가 인접 지역으로 접근 시는 신속히 그 지역을 회피하여야 한다. (비행기나 헬리콥터는 비행난 기류나 하강 풍을 발생시켜 비행장치에 위험을 초래할 수 있기 때문이다.)

Q. 초경량항공기의 양보 순위는?

A. 초경량비행장치는 다른 모든 항공기나 헬리콥터, 동급 초경량비행장치에 대하여 진로, 비행 등 모든 것을 양보하여야 한다.

Q. 조종사 준수사항은?

A.
1. 비행금지 시간대 : 야간비행(일몰 후부터 일출 전까지, 특별비행은 승인 후 가능)
2. 비행금지 장소
   1) 관제권(비행장)으로부터 반경 9.3km 이내(이착륙하는 항공기와 충동 위험 있음)
   2) 비행금지구역 : 서울 강북지역(P-73), 휴전선 지역(P-518), 원자력 지역(P-61~65)
   3) 150m이상고도(항공기 비행항로가 설치된 공역)

4). 인구 밀집 지역 또는 사람이 많이 모인 곳의 상공(예, 스포츠 경기장, 각 종 축제장의 인파가 많이 모인 곳 : 기체가 추락 시 인명피해가 높음)

5) 아파트 단지, 도로 상공, 군부대 인근, 철도/화학/가스/화약저장소 등

3. 금지행위

1) 비행 중 낙하물 투하금지

2) 조종자 음주 행위 금지(0.02% 기준)

3) 조종자가 육안으로 비행장치를 직접 볼 수 없는 경우는 비행금지 등

Q. 최대이륙중량의 중요성(안전성 인증검사의 대상, 비 대상 구분)은?

A.
1. 최대이륙중량이란? 초경량비행장치의 용도에 따른 적재물 및 장착물을 완전히 하여 이륙 시의 무게를 말한다.
2. 예를 들어 10ℓ 방제용은 방제물량 10ℓ 를 장착한 경우와 촬영용의 촬영용 카메라를 장착하여 이륙하는 경우이다.
3. 초경량비행장치의 운용체계는 항공이다. 따라서 항공체계의 운용이란 기온, 습도, 해발고도 등의 영향을 많이 받으므로 최대이륙중량은 매우 중요하다.
4. 따라서 현행 초경량비행장치 멀티콥터는 최대이륙중량을 기준으로 25kg 초과는 안정성인증을 받아야 하고 이하는 면제의 기준이 된다.

Q. 비행제한구역은? 비행제한구역에서 비행하려면 누구에게 승인을 받는가?

A.
1. R-75 서울지역 비행제한구역 : 서울외곽 비행제한구역을 말한다. 기타 사격장, 공수낙하훈련장 등 비행제한구역이 있다.
2. 군/민간 비행장 주변 : 9.3km
3. 비행제한구역의 비행승인권자는 국토교통부장관이다.

Q. 비행금지구역에서 비행허가를 받는 곳?

A.
1. P-73 A/B 서울지역 : 수도방위 사령부(화력과)
2. P-518 휴전선지역 : 합동참모본부(항공작전과)
3. P-61~P-65 원자력지역 : A구역(합동참모본부 공중종심작전과), B구역(지방항공청)

Q. 원전 5개 지역과 통제 범위와 부서?

A.
1. P-61(고리), P-62(월성), P-63(영광), P-64(울진), P-65(대전)
2. A구역은 중심반경 3.7km, B구역은 중심반경 19km까지이다.
3. 비행허가 부서는 A구역(합동참모본부 공중종심작전과),
   B구역(지방항공청)

3 비행 원리에 관련된 사항

Q. 항공기 운동의 3개축은?

A.
1. 피칭(pitching) : 항공기의 가로축을 기준으로 한 기수의 상하운동 (Y축)
2. 롤링(rolling) : 항공기의 세로축을 기준으로 한 좌우 운동 (X축)
3. 요잉(yawing) : 항공기의 수직축을 기준으로 한 기수의 좌우 운동 (Z축)

Q. Torque현상과 전이성향에 대하여 설명하세요?

A.
1. 회전하는 힘에 의한 반작용을 Torque라고 한다.
2. 뉴턴의 제3 법칙인 작용과 반작용의 법칙과 연계하여 볼 때 "헬리콥터의 메인로터는 시계 반대 방향으로 회전하고 이에 대한 반작용으로 헬리콥터 동체는 시계방향으로 회전하려는 성질을 토크"라고 한다.
3. 전이성향은 운동하는 방향이 바뀌거나 다른 방향으로 옮겨지는 현상이다.
4. 즉, 단일 회전익계통의 헬리콥터가 이륙 비행 중 우측으로 편류하는 현상을 말한다.

Q. 항공기나 비행장치에 작용하는 힘(4가지)는?

A.
1. 양력 : 상대 풍에 수직으로 작용하는 항공역학적인 힘이다. 즉 항공기나 드론을 공중으로 부양시키는 힘을 말한다.
2. 중력(무게, 중량) : 지구 중심 쪽으로 작용하는 힘. 무게, 중량과도 함께 사용한다.

3. 추력 : 공기 중에 항공기나 드론을 전방(앞)으로 움직이게 하는 힘이다.
4. 항력 : 추력에 반대 방향으로 작용하는 힘 또는 항공기나 멀티콥터 등의 공중진행을 더디게 하는 힘이다. 항력에는 유도항력, 형상항력(마찰항력), 유해항력이 있다.

Q. 좌 요우 조작 시의 비행원리는?

A. 요우(Yaw) 조작 시 비행원리의 핵심은 작용–반작용 원리에 의한 멀티콥터 모터의 회전수 변화이다.

위 그림의 X자 쿼드콥터를 예로 설명하면 시계방향(1번/3번), 반시계방향(2번/4번)의 해당하는 모터를 알 수 있다. 멀티콥터의 정지 비행(호버링)은 1~4번 모터가 같은 회전수를 유지하여 서로의 작용–반작용 상쇄를 시켜주기 때문에 가능하다.

이때, 좌 요우(Yaw)조작 시 반대 방향인 우회전(시계방향)모터 1번/3번 모터가 더 빠르게 회전하여 반작용으로 기체 기수가 좌로 돌아가는 현상이 발생한다.

우 요우(Yaw)조작 또한 마찬가지의 비행원리를 응용하여 설명할 수 있다.

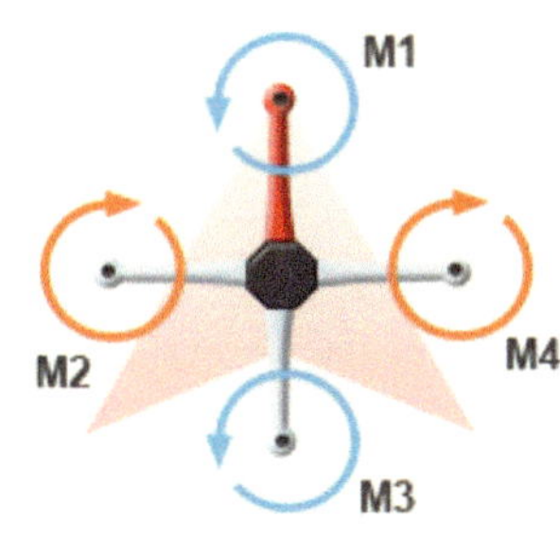

쿼드로터 I

Q. ×형 멀티콥터의 전진비행 시 로터의 회전속도 변화 모습은?

A. 앞쪽 두 개보다 뒤쪽 두 개가 로터 회전 속도가 빨리 회전한다.

4 장비운용에 관련된 사항

Q. 이륙 중 기체 고장 시 대응방법?

A. 이륙 중 엔진 고장이나 비정상 상황 시 이륙을 포기하고 신속히 착륙하여 기체를 점검한다.

Q. 배터리 폐기 법은?

A. 배터리 폐기 시 소금물에 3일 정도 담가 둔다.
(바닷물 정도의 염도 물과 소금 5:5)

Q. 인명사고 대처방법은?

A. 1. 인근 119구조대에 연락하여 인명구조를 위해 노력한다.
2. 지방항공청과 항공철도 사고조사위원회에 사고보고를 한다.

Q. 방제용 비행장치의 기상 제한치는 무엇인가?

A. 1. 비, 눈, 천둥, 번개, 우박 등 기상이 좋지 않을 시 운용하지 않아야 하며,
2. 방제용 비행장치의 풍속 제한치는 기종별 매뉴얼을 참고하라.

Q. 초경량비행장치 운용 시 가능한 시정거리는 얼마인가?

A. 가시권 비행이다. 즉 비행장치를 눈으로 확인 가능한 거리 내에서 운용해
야 한다.

Q. 비행을 위하여 비행 전 꼭 확인하여야 할 사항은?

A. 기상상태, 음주 여부, 비행지역 내 장애물 여부 / 사람 유무 / 비행가능한
시간대인가?

Q. 헬리콥터와 멀티콥터를 비교 설명하라?

A.
1. 헬리콥터와 멀티콥터는 근본적으로 회전익 계통이다.
2. 헬리콥터는 1개 또는 2개의 축으로 되어 one copter or two copter의 구조로 rotor 회전 방향에 따라 반대 방향으로 작용하는 힘(Torque)을 상쇄하기 위하여 one copter는 꼬리날개(Tail rotor)를 장착하여 Torque를 상쇄시키고 two copter는 전, 후 또는 동축으로 Torque를 상쇄시킨다.
3. 멀티콥터는 copter가 Multi로 된 copter이다. 즉 4개, 6개, 8개, 12개 등이다. 멀티콥터도 암 양쪽의 rotor 회전방향에 따라 발생하는 Torque를 상쇄시키고 각각의 암에서 발생하는 전이성향을 다른 방향으로 작용토록 장착시켜 수직이착륙이 가능하게 되어 있다.

Q. 초경량비행장치의 비행 시 비행관련 휴대품은?

A. 조종 증명(자격증), 비행승인서(승인이 필요한 기체, 지역 등), 안정성인증서(해당기체), 비행기록부, 운전면허증 또는 신체검사 합격증 등

Q. 취득하시려고 하는 자격증의 정확한 명칭은?

A. 초경량비행장치(무인 멀티콥터)

Q. 조종자 준수사항 위반 시 과태료는?

A. 1차 위반 시 20만 원, 2차 위반 시 100만 원, 3차 이상 위반 시 : 200만 원

 **Q.** 일반적으로 비행이 가능한 고도는? 그리고 왜 그렇게 설정되었는가?

 **A.** 초경량비행장치(무인 멀티콥터)
1. 고도 150m 이하
2. 150m 이상은 항공기나 헬리콥터 등의 운용공간이므로....

 **Q.** 착륙 접근조작 시 사람이 접근하면 어떤 조치를 하는가?

 **A.** 1. 1차적으로 경고하여 접근하지 않도록 한다.
2. 계속 접근 시 지나간 후 착륙하거나 반대쪽으로 착륙시켜 안전구역으로
   회피한다.

실기시험

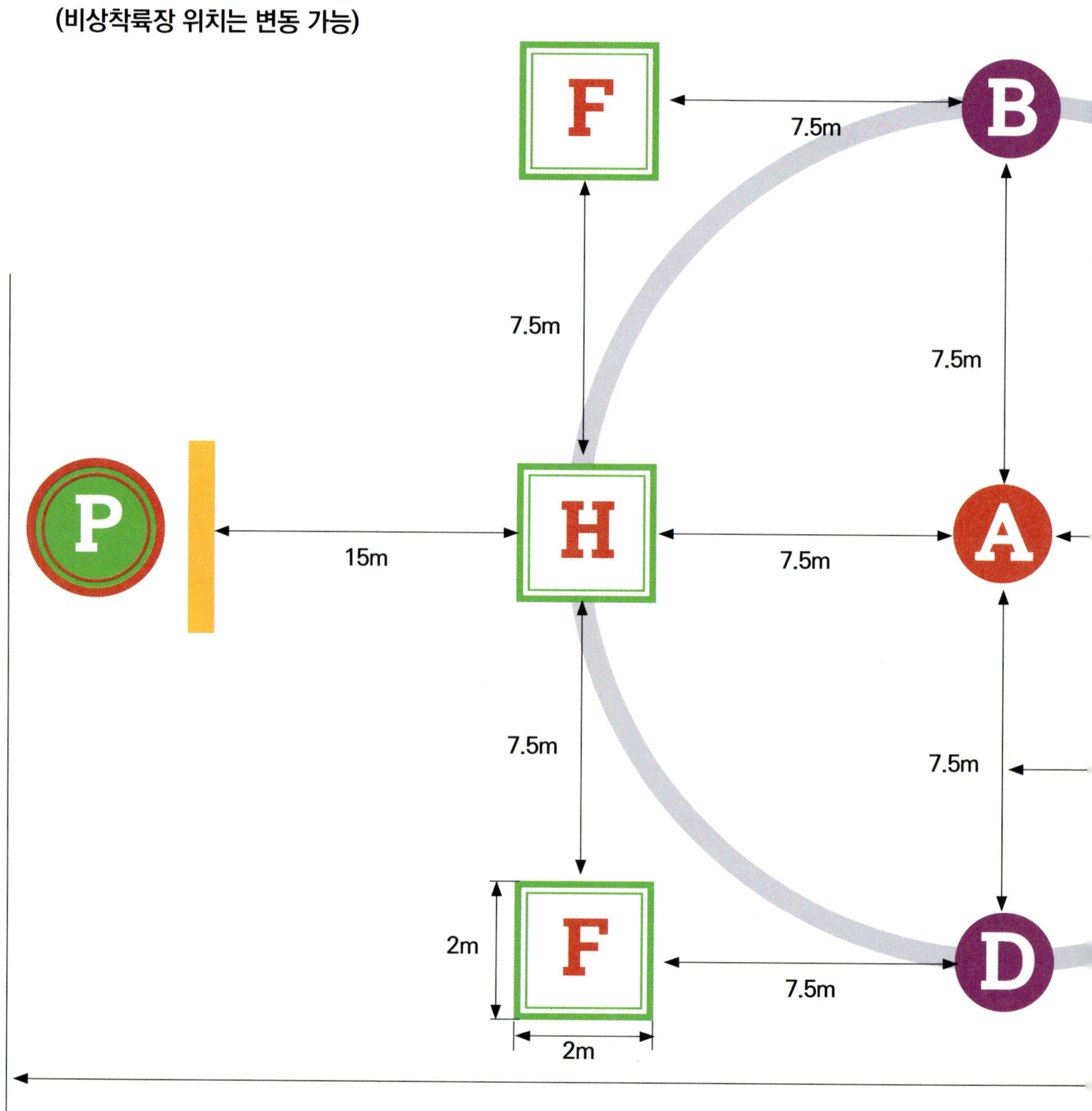

P : 조종자
A : 호버링 위치
H : 이착륙장
F : 비상착륙장
(비상착륙장 위치는 변동 가능)
F
B
7.5m
7.5m
7.5m
P
H
A
15m
7.5m
7.5m
7.5m
F
D
2m
7.5m
2m

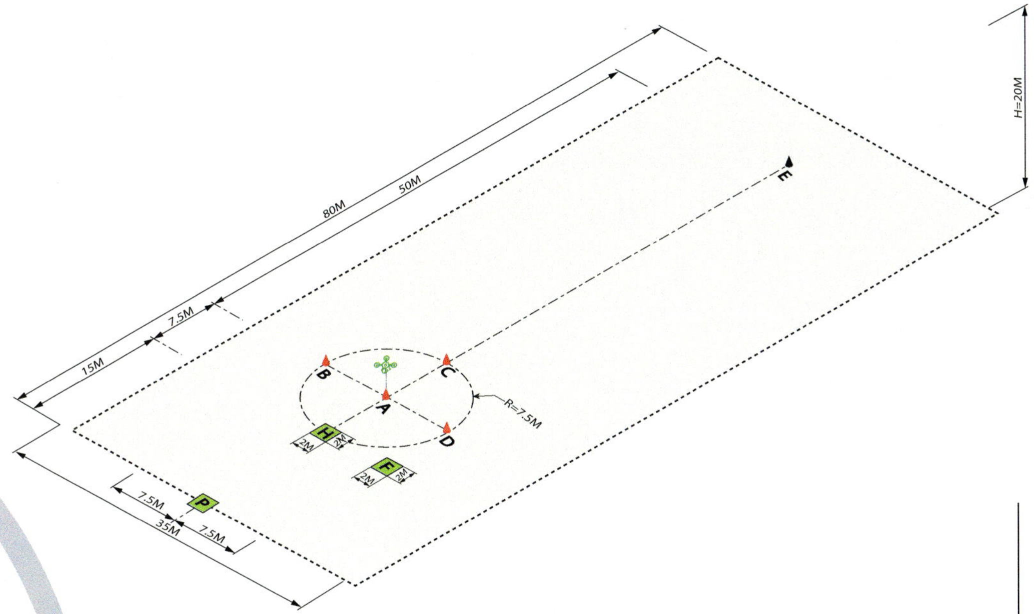

H=20M
80M
50M
7.5M
15M
R=7.5M
A
B
C
D
E
2M
2M
H
2M
2M
F
P
7.5M
35M
7.5M

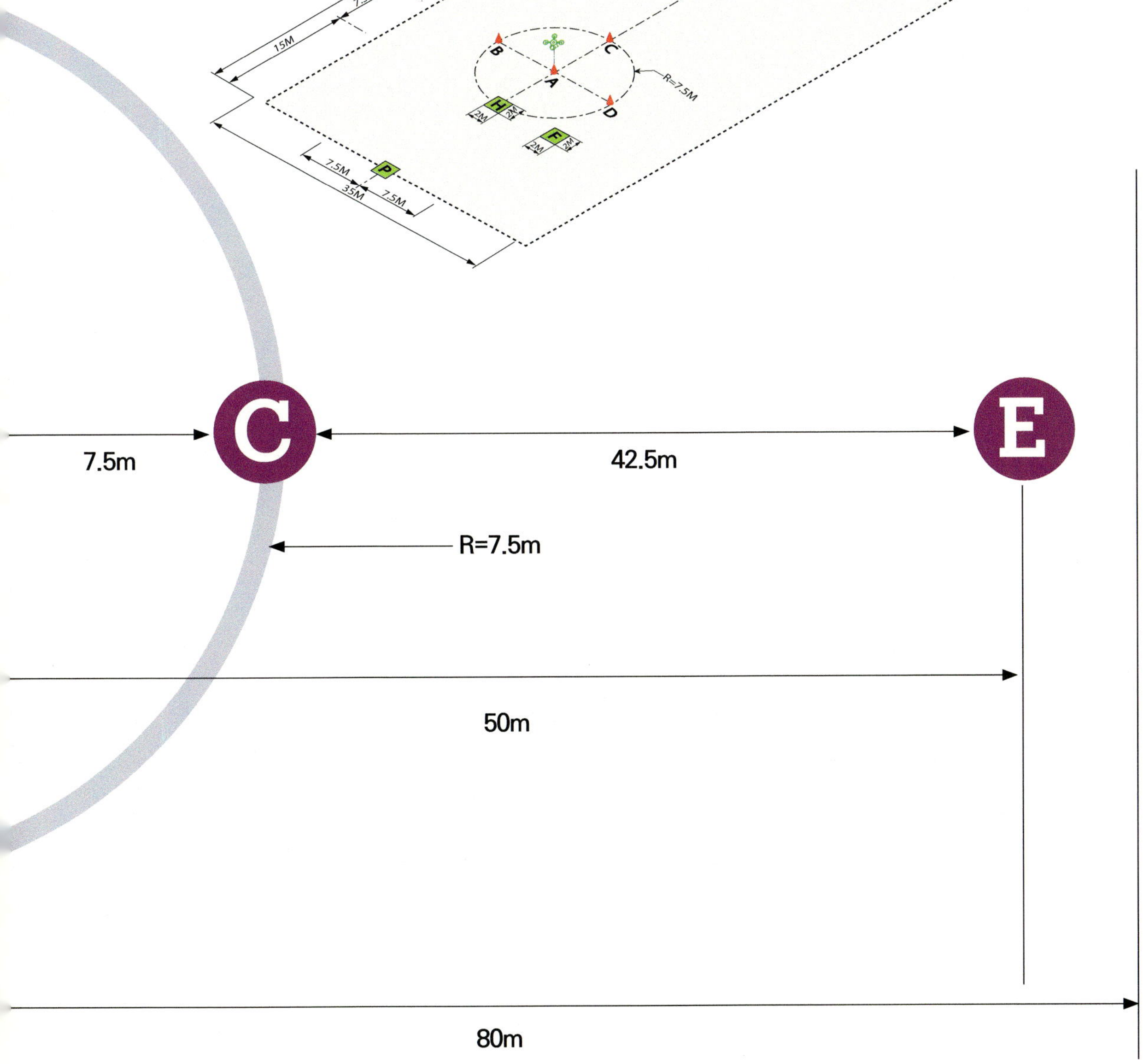

C
E
7.5m
42.5m
R=7.5m
50m
80m

영역	항목	평가기준
비행계획 및 비행전 점검	비행 전 점검	제작사에서 제공된 점검리스트에 따라 점검할 수 있을 것
	기체의 시동	정상적으로 비행장치의 시동을 걸 수 있을 것
	이륙전 점검	이륙 전 점검을 정상적으로 수행할 수 있을 것 (이륙 전 점검이 필요한 비행장치만 해당)
지상 활주 (또는 이륙과 상승 또는 이륙 동작)	이륙 비행	① 이륙 위치에서 이륙하여 스키드 기준 고도(3~5m)까지 상승 후 호버링(기준고도 설정 후 모든 기동은 설정한 고도와 동일하게 유지) ② 호버링중 롤, 피치, 요우 이상 유무 점검 ③ 세부 기준 • 이륙시 기체 쏠림이 없을 것 • 수직 상승할 것 • 상승 속도가 너무 느리거나 빠르지 않고 일정할 것 • 기수 방향을 유지할 것 • 측풍시 기체의 자세 및 위치를 유지할 수 있을 것
공중 조작 (또는 비행동작)	공중 정지 비행 (호버링)	① 호버링 위치(A지점)로 이동하여 기준 고도에서 5초 이상 호버링 ② 기수를 좌측(우측)으로 90도 돌려 5초 이상 호버링 ③ 기수를 우측(좌측)으로 180도 돌려 5초 이상 호버링 ④ 기수가 전방을 향하도록 좌측(우측)으로 90도 돌려 호버링 ⑤ 세부 기준 • 고도 변화 없을 것(상하 0.5m까지 인정) • 기수 전방, 좌측, 우측 호버링시 위치 이탈 없을 것(무인멀티·헬리콥터 중심축 기준 반경 1m까지 인정)
	직진 및 후진 수평 비행	① A지점에서 E지점까지 50m 전진 후 3~5초 동안 호버링 ② A지점까지 후진 비행 ③ 세부 기준 • 고도 변화 없을 것(상하 0.5m까지 인정) • 경로이탈 없을 것(무인멀티콥터 중심축 기준 좌우 1m까지 인정) • 속도를 일정하게 유지할 것(지나치게 빠르거나 느린 속도, 기동중 정지 등이 없을 것) • E지점을 초과하지 않을 것(5m까지 인정) • 기수 방향이 전방을 유지할 것
	삼각 비행	① A지점에서 B지점(D지점)까지 수평 비행 후 5초 이상 호버링 ② A지점(호버링 고도+수직 7.5m)까지 45도 대각선 방향으로 상승하여 5초 이상 호버링 ③ D지점(B지점)의 호버링 고도까지 45도 대각선 방향으로 하강하여 5초이상 호버링 ④ A지점으로 수평 비행하여 복귀 ⑤ 세부 기준 • 경로 및 위치 이탈이 없을 것 (무인멀티콥터 중심축기준 1m까지 인정) • 속도를 일정하게 유지할 것(지나치게 빠르거나 느린 속도, 기동중 정지 등이 없을 것)

영역	항목	평가기준
공중 조작 (또는 비행동작)	원주 비행 (요우 턴)	① 최초 이륙지점으로 이동하여 기수를 좌(우)로 90도 돌려 5초간 호버링 후 반경 7.5m(A 지점 기준)로 원주비행(B → C → D → 이륙지점 또는 D → C → B → 이륙지점 순서로 진행되며 각 지점을 반드시 통과해야 함) ② 이륙 장소에 도착하여 5초간 호버링 후 기수 방향을 전방으로 돌려 호버링 ③ 세부 기준 • 고도 변화 없을 것(상하 0.5m까지 인정) • 경로이탈 없을 것(무인멀티콥터 중심축 기준 1m까지 인정) • 속도를 일정하게 유지할 것(지나치게 빠르거나 느린 속도, 기동중 정지 등이 없을 것 • 기수 방향 유지(이륙지점 호버링 방향을 기준으로 B, D지점 90도, C지점 180도) • 기동중 과도한 롤 조작이 없을 것
	비상조작	① 기준 고도에서 2m 상승 후 호버링 ② 실기위원의 "비상" 구호에 따라 일반 기동 보다 1.5배 이상 빠르게 비상 착륙장으로 하강한 후 비상 착륙장 기준 고도 1m이내에서 잠시 정지하여 위치 수정 후 즉시 착륙 ③ 세부 기준 • 하강시 스로틀을 조작하여 하강을 멈추거나 고도 상승시(착륙직전 제외) • 직선 경로(최단 경로)로 이동할 것 • 착륙 전 일시 정지시 고도는 비상 착륙장 기준 1m까지 인정 • 정지 후 신속하게 착륙할 것 • 랜딩 기어를 기준으로 비상 착륙장의 이탈이 없을 것
착륙 조작 (또는 착륙 동작)	정상 접근 및 착륙 (자세 모드)	① 비상 착륙장에서 이륙하여 기준 고도로 상승 후 5초간 호버링 ② 최초 이륙 지점까지 수평 비행 후 착륙 ③ 세부 기준 • 기수 방향 유지 • 수평 비행시 고도변화 없을 것 (상하 0.5m까지 인정) • 경로 이탈이 없을 것 (무인멀티콥터 중심축 기준 1m까지 인정) • 속도를 일정하게 유지할 것(지나치게 빠르거나 느린 속도, 기동중 정지 등이 없을 것) • 착륙 직전 위치 수정 1회 이내 가능 • 무인멀티콥터 중심축을 기준으로 착륙장의 이탈이 없을 것
	측풍 접근 및 착륙	① 기준 고도까지 이륙 후 기수 방향 변화없이 D지점(B지점)으로 직선경로(최단경로)로 이동 ② 기수를 바람 방향(D지점 우측, B지점 좌측을 가정)으로 90도 돌려 5초간 호버링 ③ 기수 방향의 변화없이 이륙지점까지 직선경로(최단경로)로 수평 비행하여 5초간 호버링 후 착륙 ④ 세부 기준 • 수평비행시 고도 변화 없을 것 (상하 0.5m까지 인정) • 경로 이탈이 없을 것 (무인멀티콥터 중심축 기준 1m까지 인정) • 속도를 일정하게 유지할 것(지나치게 빠르거나 느린 속도, 기동 중 정지 등이 없을 것) • 착륙 직전 위치 수정 1회 이내 가능 • 무인멀티콥터 중심축을 기준으로 착륙장의 이탈이 없을 것
비행 후 점검	비행 후 점검	착륙 후 점검 절차 및 항목에 따라 점검 실시
	비행 기록	로그북 등에 비행 기록을 정확하게 기재할 수 있을 것
종합 능력	계획성	실기시험 항목 전체에 대한 종합적인 기량을 평가
	판단력	
	규칙의 준수	
	조작의 원활성	
	안전거리 유지	

03 실기시험 채점기준표

초경량비행장치조종자 (무인멀티콥터)

응시자성명		사용비행장치		판 정	
시험일시		시 험 장 소			

구분 순번	영역 및 항목	등급
구 술 시 험		
1	기체에 관련한 사항	
2	조종자에 관련한 사항	
3	공역 및 비행장에 관련한 사항	
4	일반 지식 및 비상 절차	
5	이륙중 엔진 고장 및 이륙 포기	
실기시험 (비행 전 절차)		
6	비행 전 점검	
7	기체의 시동	
8	이륙 전 점검	
실기시험 (이륙 및 공중조작)		
9	이륙 비행	
10	공중 정지 비행(호버링)	
11	직진 및 후진 수평 비행	
12	삼각 비행(무인멀티콥터)	
13	원주 비행(요우턴)	
14	비상조작	
실기시험 (착륙 조작)		
15	정상 접근 및 착륙	
16	측풍 접근 및 착륙	
실기시험 (비행 후 점검)		
17	비행 후 점검	
18	비행기록	
실기시험 (종합 능력)		
19	안전거리 유지	
20	계획성	
21	판단력	
22	규칙의 준수	
23	조작의 원활성	
실기시험위원 의견 :		

memo

1 멀티콥터 조종키의 용어 정리

❶ 사용 중인 멀티콥터와 헬리콥터의 조종 용어 (2018. 5월 기준)

구분	고도 상, 하	좌, 우 방향전환	전, 후진	좌, 우 이동
현 멀티콥터	Throttle	Rudder	Elevator	Aileron
헬리콥터	Collective	Pedal	Cyclic pitch	
정확한 멀티콥터 용어	Throttle	Yaw	Pitch	Roll

※ 현재 멀티콥터에 사용 중인 용어는 비행기의 조종장치 용어를 사용 중이다.

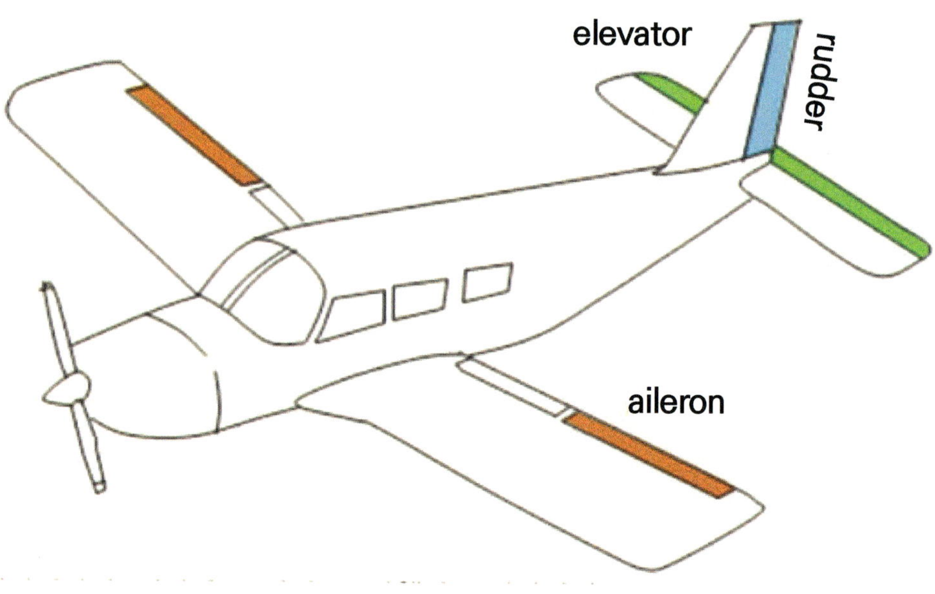

② 정확한 용어의 해설

1. Throttle

왼쪽 스틱의 상, 하 조작으로 이, 착륙 조작. (현행과 동일하게 사용)

2. Yaw

왼쪽 스틱의 좌, 우 조작으로 좌, 우 방향 전환(현 Rudder → Yaw로 전환)

3. Pitch

오른쪽 스틱의 상, 하 조작으로 전, 후진 조작(현 Elevator → Pitch로 전환)

4. Roll

오른쪽 스틱의 좌, 우 조작으로 좌, 우 이동(현 Aileron → Roll로 전환)

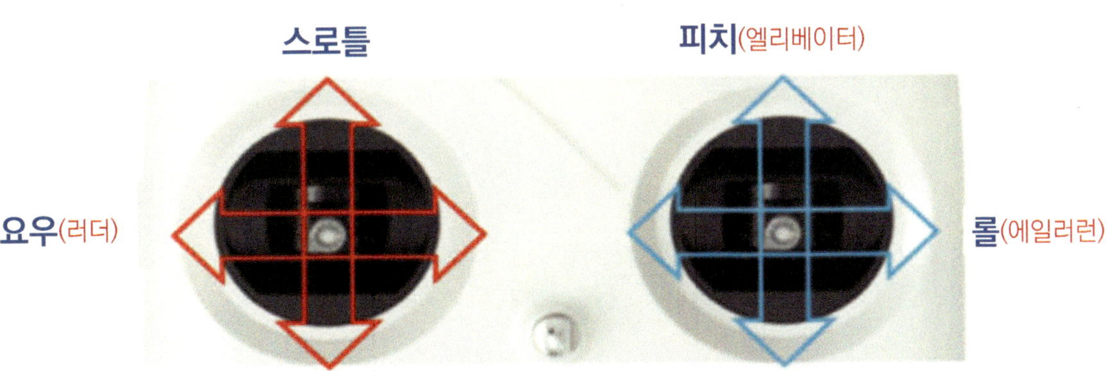

따라서 멀티콥터에는 정확한 용어를 적용하여 사용하는 것이 바람직하다. 이 교재의 실기훈련에서는 정확한 용어를 사용하였다.

2 propeller와 rotor의 차이(멀티콥터 날개의 정확한 명칭은 무엇인가?)

◆1◆ 프로펠러(propeller)

1. 비행기, 선박 등에서 엔진의 **회전력을 추진력으로 바꾸는 장치**를 통칭한다. ^(위키백과사전)

2. 항공기 · 선박에 **추력(推力)을 부여하는 장치**. ^(네이버 사전)

3. 회전력을 추력(전진력)으로 바꾸어 비행기나 선박을 추진시키는 장치 ^(과학백과사전)

∴ 프로펠러는 회전력(회전하는 힘)을 추력 즉 추진력(전진력)으로 바꾸는 구조물(장치) 이다. 따라서 프로펠러는 비행기 날개 앞부분 또는 선박의 뒷부분 아래에서 기울기가 수직으로 되어 추진력을 얻을 수 있도록 장착된 것을 말한다.

❷ 로터(rotor)

1. 양력과 **추력** 대부분을 얻는다. ^(위키백과사전)

2. 헬리콥터 회전익부분의 총칭. **양력이나 추력을 발생시키는** 로우터가 부착된 허브를 포함하여 수평면에 장착된 길고 좁은 에어포일이나 날개로 구성된 모두 개. 수직면, 수평면내에서 회전하는 주로부터 부수되는 유사장치. ^(항공우주공학사전)

∴ 로터는 회전력(회전하는 힘)으로 양력과 추력을 발생시키는 구조물(장치)이다. 따라서 로터는 헬리콥터나 멀티콥터 회전축과 같이 위쪽 방향으로 향하도록 장착되어 양력을 얻도록 되어 있는 것을 말한다.

1. 프로펠러와 로터의 원리를 이해하기 위해서는 **추력과 양력에 대해 먼저 이해**하여야 한다.

2. **추력은 프로펠러의 회전**이나 가스의 분사에 의해서 얻어지는, **항공기를 밀거나 당기는 추진력과 같은 말**이다.

3. 반면에 **양력은 중력에 반대 방향으로 작용하는 힘으로서 항공기를 뜨게 해주는 역할**을 한다.

4. 비행기의 프로펠러가 돌면, **프로펠러의 블레이드(blade : 날개)는 공기를 뒤쪽으로 밀어낸다.**

5. 프로펠러의 블레이드는 단면이 에어포일이며 비행기의 날개가 회전하는 것과 같은 효과를 주게 된다. 비행기의 날개는 양력을 발생시키는 데 반해 블레이드는 추력을 발생시킨다.

6. 프로펠러에 대해 알았다면, **비슷한 형태의 추력 발생장치와 양력 발생장치를 비교**해 볼 필요가 있다.

7. 대표적인 **추력 발생장치인 프로펠러(propeller)**와 그와 비슷한 모양의 **양력 발생장치인 헬리콥터의 로터(rotor : 회전날개)**이다.

8. 프로펠러와 로터의 단면을 살펴보면 둘 다 유선형임을 알 수 있다. 이 두 장치에서 **추력과 양력이 발생하는 원리는 비슷하다.** 로터가 회전하면서 공기의 흐름을 만든다고 가정하자.

9. 볼록한 위쪽을 지날 때와 평평한 아래쪽을 지날 때 속도 차이가 생기게 된다. 그렇게 만들어진 공기의 속도 차이는 날개의 위쪽과 아래쪽의 압력의 차이를 가져오게 된다. 공기의 속도가 빨라지면 압력이 낮아지고 속도가 느려지면 압력이 높아진다는 "베르누이의 정리"에 의해 날개 위쪽의 압력이 낮아지고, 아래쪽의 압력이 높아지게 되는 것이다.

10. 그렇게 되면 **위쪽으로 힘이 작용하게 되는데. 그것이 양력**이다. 그 양력이 헬리콥터를 날 수 있게 해주는 힘이다. (위의 1~10까지 참고자료 : 항공우주 과학교육, 한국항공우주연구원)

11. 구조물이 고정된 것인가?, 피치로 힘을 얻는 것인가? 하는 것은 부연적인 것이고 그 구조물이 어떤 방향으로 장착되어 무슨 힘(양력, 추진력)을 얻는 장치(구조물)인가 하는 것이 핵심이다.

12. 피치가 가변(변경) 되는 프로펠러도 있다. (U-6, C-130, 여객기 등 대부분이 가변 피치 : 착륙감속)
고정식 로터는 프로펠러인가? 자이로 플랜은 프로펠러가 아니고 로터이다.
최근에는 프로펠러도 가변 피치 및 허브에서 변경이 되고, 로터에서도 양력을 얻지만 추력을 발생시킨다. (그래서 헬리콥터의 로터에서 추력을 얻지만, 프로펠러라고 하지 않는다.)

13. 멀티콥터가 이륙 시 추진력을 얻어서 앞으로 이륙하는 것인가? 아니면 부양하는 힘을 얻어서 공중으로 이륙(뜨는가?)하는가?

14. 최종 결론적으로 공중으로 부양시키는 힘 즉 공중으로 뜨게 하는 힘은 양력이며 **양력을 발생시키는 것은 로터(rotor)**이다. 이에 비교해 **추진시키는 힘인 추력을 발생시키는 것은 프로펠러**이다. 또한, 참고로 프롭, 빼라, 페라 등의 속어들은 가능하면 사용하지 말고, 표준용어의 사용을 권장한다.

15. 기타 참고사항

위의 프로펠러와 로터의 구분을 설명할 때 멀티콥터에서 "수직 추력"을 발생시킨다고 하는 경우가 있다. "수직 추력"은 로켓이나 전투기(F-35 등) 등의 엔진에서 직접 추진하는 힘 즉 추력을 발생시키는 것으로 회전익에서 "회전체의 회전력"과는 다른 방법인 "연료를 연소시켜 연료가스를 분출"하는 것이다. F-15, F-16, 라팔 등의 전투기에 장착된 터보 팬 엔진의 예를 들어보면 엔진에 압축용 팬을 첨가하여 흡입되는 공기를 앞쪽의 팬이 먼저 압축한 후 압축된 공기를 압축기로 보내고, 팬에 의해 압축된 공기를 연소실에 분사시켜 압축된 배기가스가 분사되어 추력을 얻어 이륙하게 된다. 따라서 로켓이나 전투기 등에서는 "수직추력"이라는 용어를 사용할 수 있으나 회전익에서는 "회전체의 회전력"을 이용하므로 다르다고 할 수 있다.

1 비행계획 및 비행 전 점검

1 비행 전 점검

● **평가 기준** :
제작사에서 제공된 점검리스트에 따라 점검할 수 있을 것

● **주요 감점기준** :
구술평가와 병행하여 기체 부품의 명칭과 제원 평가
① 정상적인 절차를 준수할 것
② 기체의 각 부분의 명칭과 점검 시 좋고 나쁨을 판정할 수 있을 것
③ 기체와 비행장의 전반적인 안전사항을 판단할 수 있을 것

**점검방법
(순서)**

1 비행 준비
조종기와 배터리를 가지고 입장

2 배터리 장착
기체에 배터리 장착

3 조종기 전원 ON
조종기 배터리 전압 확인

4 비행 전 점검
기체 점검 사항(로터, 모터, 변속기, 붐, 스키드, 메인프레임)

5 메인 배터리 연결
FC-변속기-모터 순으로 전원 인가

6 FC 상태확인
LED 색상, 점등횟수 확인

7 조종사 위치로
조종기 가지고 조종석 위치로 이동

8 비행장 안전점검
점검사항(사람, 장애물, 풍향, 풍속, GPS 수신 상태)

※ **기종에 따라 부분적으로 상이함.**

P : 조종자
A : 호버링 위치
H : 이착륙장
F : 비상착륙장
(비상착륙장 위치는 변동 가능)
E
C
B
A
D
F
H
시동
위치
P

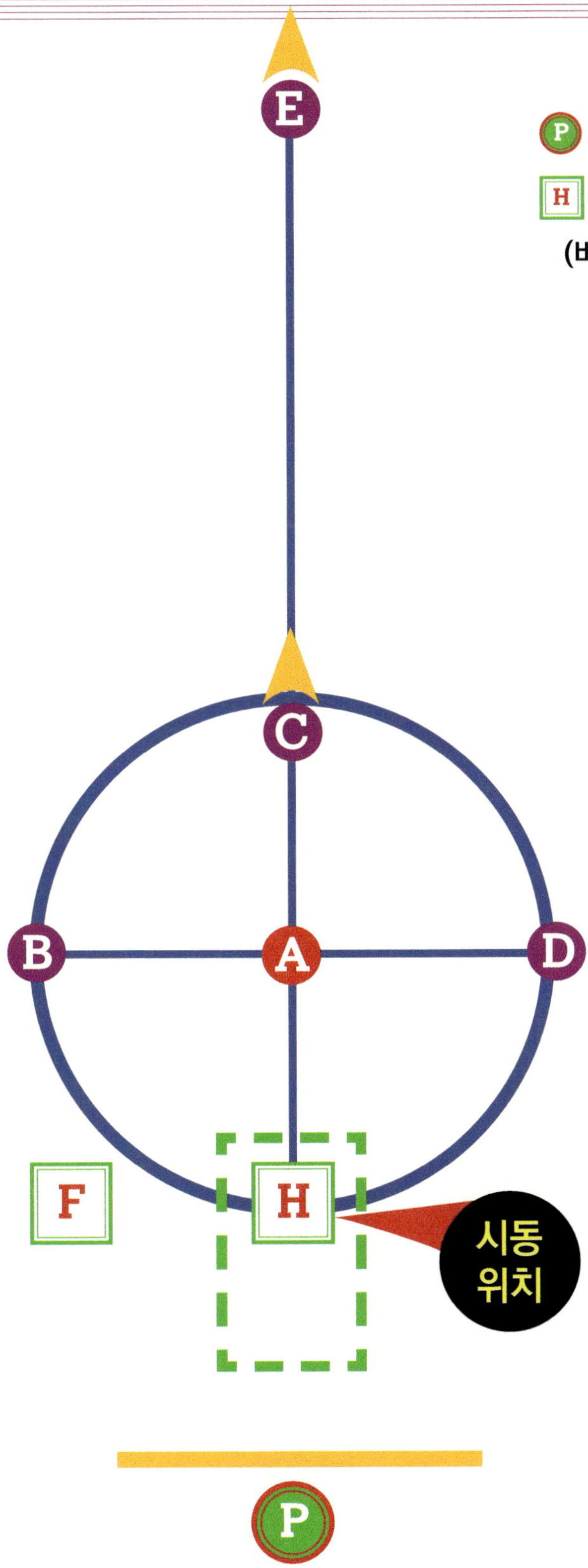

1 비행 전 점검 구호

순서	구 호	내 용
1	**비행준비**	조종기와 배터리 케이스를 들고 비행장 입장
2	**배터리 장착**	기체에 메인 배터리 장착
3	**조종기 ON** **(조종기 전압 *V 이상 무)**	조종기의 토글스위치, 스로틀 및 안테나 방향 점검 후 전원 스위치 ON, 전압확인
4	**비행 전 기체점검** **(이상 무)**	로터 → 모터 → 붐 → 스키드 → 메인프레임 → FC BOX 이상유무 확인
5	**배터리 체크** **(*셀, 전체전압 *V 이상 무)**	배터리 체커를 이용하여 배터리의 충전상태, 셀(Cell)의 균형 등 전반적인 배터리 상태 점검을 실시
6	**메인 배터리 연결**	1. 수신기 또는 FC 연결 후 2. 변속기 순서로 전원 연결 연결순서는 반드시−(음극/검정) 다음 +(양극/빨강)
7	**FC LED 확인** **(이상 무)**	기체로부터 1m 이상 뒤로 물러나 LED 색상과 점등 횟수의 정상 확인
8	**조종사 위치로**	기체와 배터리 케이스를 들고 조종석 위치로 이동
9	**비행장 안전점검** **(이상 무)**	사람 → 장애물 → 풍향 *풍 → 풍속 *m/s → GPS 수신확인

🏅 2 비행 Check list

*점검일자 2018년 __월 __일

기체번호		조종사 성명		비행목적	교육 □
					평가 □
시작 전 운용시간	:	종료 후 운용시간	:	금일 운용시간	

No.	구호	내용		확인 비행전	확인 비행후	이상내용
1	비행준비	조종사 몸 상태, 안전모, 비행장, 기체, 조종기, 배터리, 확인		ok□	ok□	
2	배터리 장착	기체 무게 중심 배분 위치에 정확하게 장착, 배선(균열, 단선) 확인		ok□	ok□	
3	조종기 ON	토글스위치, 시스템 상태 및 전압 확인		ok□	ok□	
4	비행 전 기체점검	로터	고정상태 확인	ok□	ok□	
			상,하,좌,우 유격확인	ok□	ok□	
			이물질,균열,뒤틀림,파손,도색상태 확인	ok□	ok□	
		모터	이물질 여부, 마찰 여부 확인	ok□	ok□	
			로터를 한 바퀴 회전시켜서 마찰 여부 확인(정방향)	ok□	ok□	
			부하 여부(타는냄새, 고열) 확인	ok□	ok□	
		변속기	방열판 이물질 및 고정 여부 확인	ok□	ok□	
			부하 여부(타는 냄새, 고열) 확인	ok□	ok□	
		붐	장착상태, 균열, 파손, 마모 확인	ok□	ok□	
		스키드	장착상태, 균열, 파손, 마모 확인	ok□	ok□	
		메인프레임	균열 및 파손 여부 볼트 풀림 확인	ok□	ok□	
		FC Box	GPS안테나 배선상태 (단선 여부, 고정상태) 확인	ok□	ok□	
			수신기 안테나 배선상태 (단선 여부, 고정상태) 확인	ok□	ok□	
5	배터리 체크	LiPo 배터리 셀(cell) 개별 전압, 균형 확인		ok□	ok□	
6	메인 배터리 연결	배선 및 커넥터 상태(단선, 고정상태) 확인		ok□	ok□	
		전류 공급의 원활 여부 확인		ok□	ok□	
7	FC LED 확인	FC 시스템 정상 작동 확인		ok□	ok□	
8	배선정리	진동 발생 시 단선 가능 부분 제거		ok□	ok□	

No.	비행 전 안전 점검	확인	비고
1	비행장에 사람, 장애물, 안전거리 15m확보 등 위험요소는 없습니까?	ok□	
2	기상, 풍향, 풍속을 파악했으며 풍속이 5m/s 이하입니까?	ok□	
3	FC(GPS)는 정상작동하고 있습니까?	ok□	
4	현재 비행할 지역에 비행승인은 받으셨습니까?	ok□	
5	지금장소가 이착륙 장소로 적절합니까?	ok□	
6	안전모등 안전장구를 착용했으며 조종사의 몸 상태는 정상입니까?	ok□	

❸ 세부점검방법

❶ 비행준비

1. 점검 위치로 이동 시 조종기 휴대방법

스로틀을 엄지손가락으로 0% 고정한 다음 옆구리에 안정적으로 고정 휴대한다. (조종기의 종류에 따라서 스로틀 위치가 중앙에 위치 되는 것은 다를 수 있다)

2. 조종기와 배터리 박스 위치

가급적 기체와 조종기의 전반적인 상태를 파악하기 쉬운 위치(기체의 좌측 후방)에서 비행준비를 시작한다. (기체 점검 간 즉시 조종기를 확인할 수 있는 근거리에 둔다)

② 배터리 장착

배터리 장착 위치는 기종별로 다르다. 장착 시 중요한 요소는 무게 균형을 맞추어 장착하여야
한다.

③ 조종기 전원 ON

조종기 전원을 ON 시킨 후에는 조종기 화면을 통하여 조종기 배터리 Voltage를 측정한다.
통상의 조종기 배터리의 정상범위는 3.7V~12.4V 정도이며 3.6V 이하이면 교체한다.

④ 비행 전 점검

1. 로터(Rotor) 부분

로터의 소재는 주로 탄소섬유(Carbon) 또는 나무 등이다. 크랙(crack) 발생 유무를 집중 점검하며, 크랙이 진행되고 있을 경우 육안으로만 점검하기 어렵기 때문에 손으로 로터의 상/하부 면이 매끄러운지, 거칠거나 깨진 부위가 없는지 세부적으로 점검한다. 또한, 동시에 공기 흐름을 방해하는 이물질 유, 무를 점검한다.

이동/보관 시 간편하게 만든 접이식(Folding) 로터가 있다. 이 로터의 경우 각 블레이드(Blade)와 중심 허브(Hub)의 고정상태/볼트 긴장도에 따라 진동이 발생하며, 심한 경우 사고로 이어질 수 있다. 따라서 각 블레이드(Blade)와 중심 허브(Hub)의 고정상태/볼트 조임 상태 등을 잘 점검하여야 한다.

접이식 로터의 적절한 긴장도는 한쪽 블레이드(Blade)를 손가락으로 회전시켰을 때 모터가 따라오는 정도가 적절한 긴장도이다. 만약, 모터는 가만히 있고 블레이드(Blade)만 움직일 경우 긴장도가 매우 느슨한 경우이기 때문에 좀 더 조여 준다.

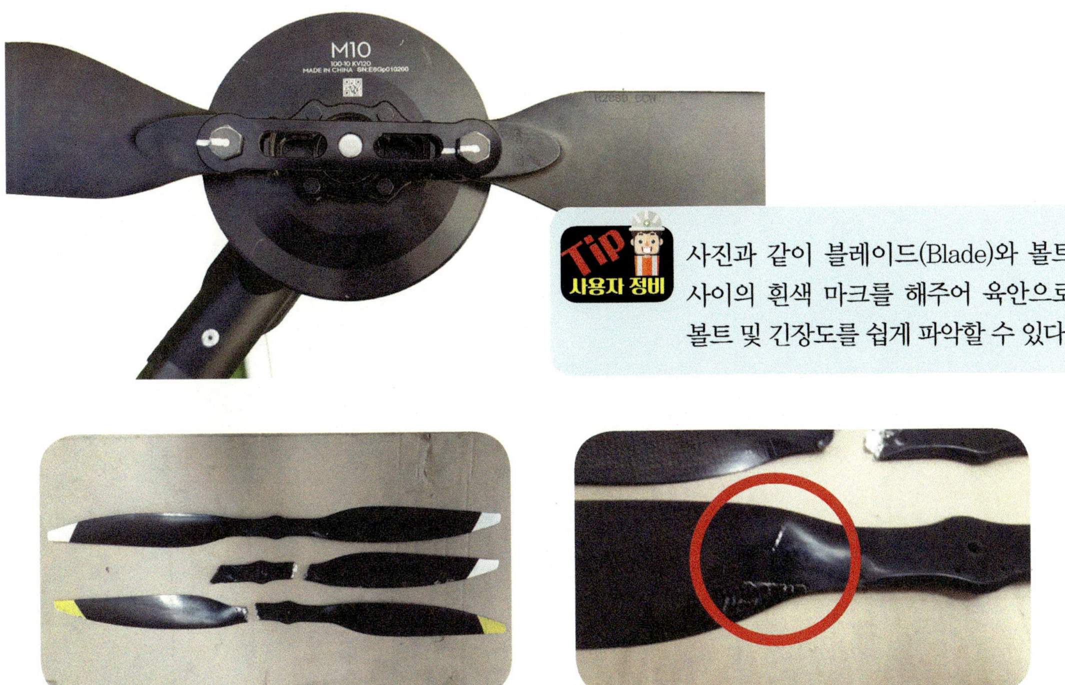

사진과 같이 블레이드(Blade)와 볼트 사이의 흰색 마크를 해주어 육안으로 볼트 및 긴장도를 쉽게 파악할 수 있다.

[로터의 손상된 모습 들]

2. 모터(Motor) 부분

모터의 회전 방향과 회전반대 방향을 한 바퀴 이상 회전시키며 모터의 베어링 상태, 결합 상태, 수평균형, 유격으로 인한 진동이 발생하지 않는지 점검한다. 이상 시 모터는 갈리는 소리와 느낌 또는 특정 위치에서 튕기는 느낌이 든다.

모터를 점검할 때에는 육안으로 모터 내부 이물질 확인, 손으로 직접 모터를 정/역회전 시키며, 모터의 베어링/균형 고정 상태를 확인한다.

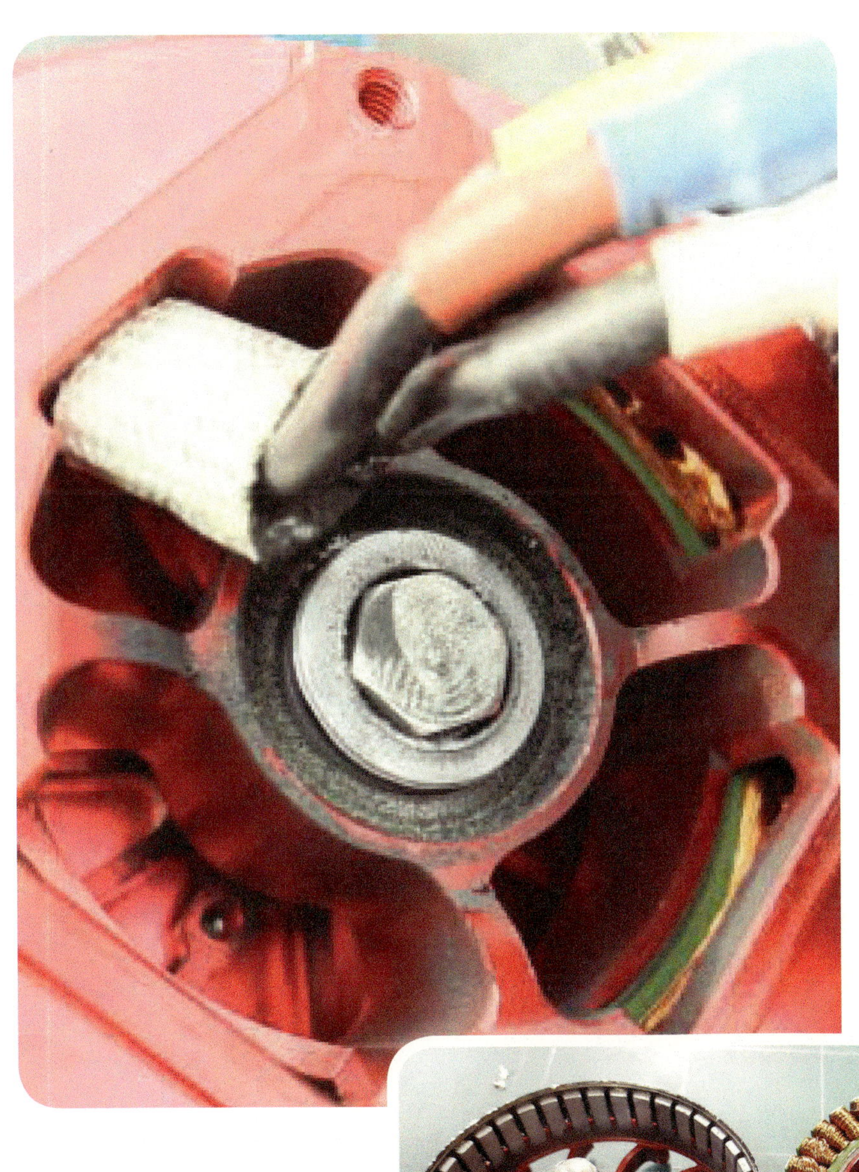

[베어링 와셔가 갈린 모터 내부와 브러시리스 모터 분해 모습]

3. 변속기

변속기 냉각에 영향을 주는 요인이 없는지, 방수가 가능한지(상황에 따라), 신호선 및 +, − 단
자가 손상 또는 부식되지 않았는지 점검한다.

[방수가 되지 않는 변속기 냉각 시스템에 물이 흘러 들어가 비행 중
화재 발생 변속기 사례]

[변속기는 강제공랭식 구조로 기체의 메인프레임 또는 모터 아래, 붐대 옆면에 위치한다.]

4. 붐(암)

비행 시 가장 많은 진동과 비틀림이 발생하는 부분이다. 이동 중 충격, 과적 비행, 하드랜딩 등 외부 요인에 의해 크랙(crack)이 발생할 수 있다. 계속 비행이 진행될 경우 비행 중 붐이 부러지는 사고 위험이 있을 수 있어 주의 깊게 점검해야 한다. 붐이 정상일 경우 매끈한 형태를 가지지만 크랙(crack)이 발생한 부분은 외부 표면이 거칠게 일어난다. 손으로 붐의 크랙(crack) 발생 유/무와 기타 부품의 볼트/너트 조임 상태 및 전반적인 상태를 점검한다.

[충격을 받아 정상적이지 않는 붐]

5. 스키드 또는 랜딩기어

이동 중 충격, 과적 비행, 하드랜딩 등 외부 요인에 의해 스키드가 비틀리거나 크랙(crack)이 발생할 수 있다. 손으로 스키드를 점검하며 크랙(crack) 유무, 유격, 비틀림, 충격 완화 상태를 점검한다.

[비정상적으로 휘어진 스키드]

6. 메인 프레임

메인 프레임에는 대부분 메인 배터리와 FC가 위치하고 있다. 메인 배터리의 경우 기체 무게 중심에 안정적인 최적의 위치에 장착되었는지, 고정이 잘 되었는지 점검한다. 또한, 장착된 FC의 고정상태, 임무 탑재 장비와 기타 장치의 볼트/너트 조임 상태를 점검한다.

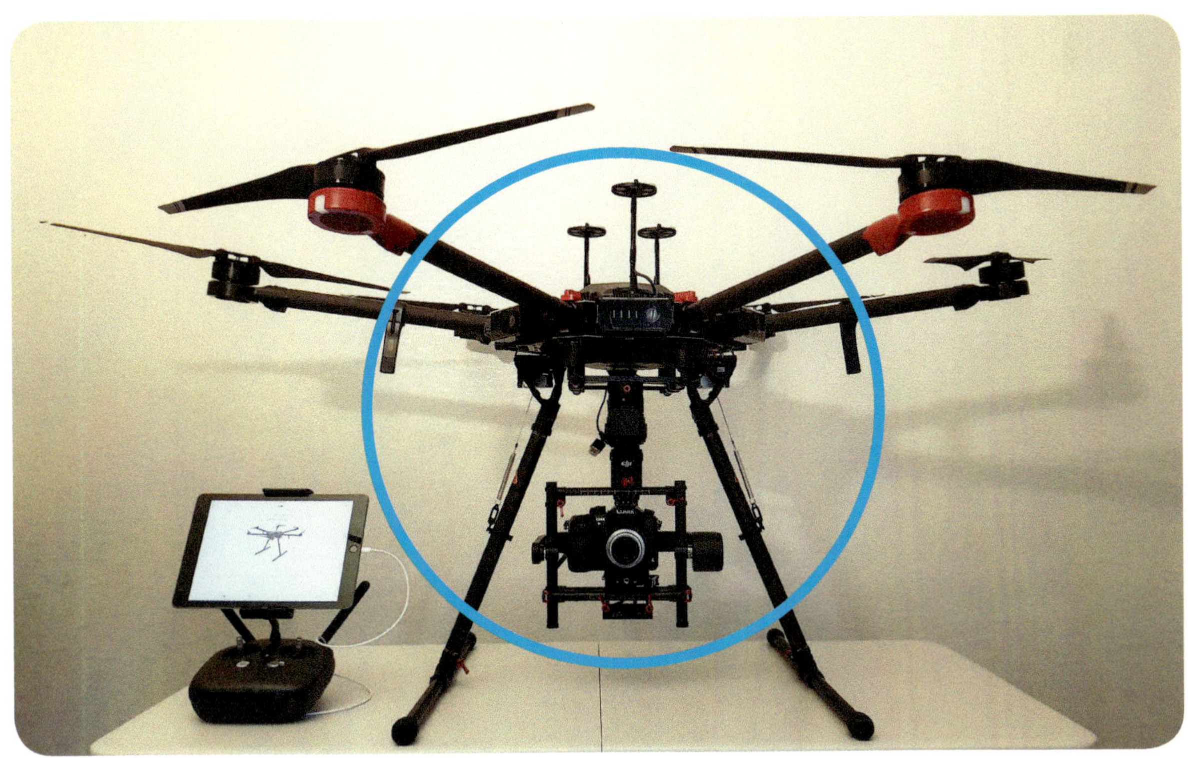

5. 메인 배터리 연결

메인 배터리 연결은 주 전원의 연결이므로 FC, 변속기, 모터, 탑재 임무 장치 각각에 전원이 인가된다.

🗨️ **6.** FC LED 상태 표시등 상태(색상, 점등 횟수의 의미)

점등횟수 의미 :

- 🔴 1 (∞) → 빨강색 불빛이 1번씩 연속적으로 깜빡임
- ━ (∞) → 파란색 불빛이 깜빡임 없이 연속적으로 점등됨

제작사_모델	분류	색상	점등횟수	작동	의미
DJI_WooKong-M	비행모드	보라	1 (∞)	🟣	GPS 비행모드
		노랑	1 (∞)	🟡	자세(Atti) 비행모드
		없음	–		수동(Manual)비행모드
	경고등	빨강	3	🔴🔴🔴	GPS 위성 5개 미만
		빨강	2	🔴🔴	GPS 위성 6개 미만
		빨강	1	🔴	GPS 위성 7개 미만
		파랑	1 (∞)	🔵	조종기(Tx) 신호 두절(Fail Safe)
		초록	4	🟢🟢🟢🟢	IMU 데이터 에러
		흰색	3	⚪⚪⚪	자세 상태 나쁨(비행중단)
		노랑	1 (∞)	🟡	1차 저전압 경고
		빨강	1 (∞)	🔴	2차 저전압 경고
	나침반 보정	파랑	(∞)	━	수평 보정 시작
		초록	(∞)	━	수직 보정 시작
		흰색	(∞)	▭	캘리브레이션 성공
		빨강	1 (∞)	🔴	캘리브레이션 오류(재실시)
DJI_Naza-M (V2)	비행모드	초록	1 (∞)	🟢	GPS 비행모드
		노랑	1 (∞)	🟡	자세(Atti) 비행모드
		없음	–		수동(Manual)비행모드
	경고등	빨강	3	🔴🔴🔴	GPS 위성 5개 미만
		빨강	2	🔴🔴	GPS 위성 6개 미만
		빨강	1	🔴	GPS 위성 7개 미만
		노랑	1 (∞)	🟡	조종기(Tx) 신호 두절(Fail Safe)
		빨초노	1 (∞)	🔴🟢🟡	IMU 데이터 에러
		없음	–		자세상태 나쁨(비행중단)
	나침반 보정	노랑	(∞)	━	수평 보정 시작
		초록	(∞)	━	수직 보정 시작
		빨강	1 (∞)	🔴	캘리브레이션 오류(재실시)

제작사_모델	분 류	색 상	점등횟수	작 동	의 미
DJI_A2	비행모드	보라	1 (∞)		GPS 비행모드
		노랑	1 (∞)		자세(Atti) 비행모드
		없음	–		수동(Manual)비행모드
	경고등	빨강	3		GPS 위성 5개 미만
		빨강	2		GPS 위성 6개 미만
		빨강	1		GPS 위성 7개 미만
		파랑	1 (∞)		조종기(Tx) 신호 두절(Fail Safe)
		초록	4		IMU 데이터 에러
		흰색	3		자세 상태 나쁨(비행중단)
		노랑	1 (∞)		1차 저전압 경고
		빨강	1 (∞)		2차 저전압 경고
	나침반 보정	파랑	(∞)		수평 보정 시작
		초록	(∞)		수직 보정 시작
		빨강	1 (∞)		캘리브레이션 오류(재실시)
DJI_N3	비행모드	초록	1 (∞)		GPS 비행모드
		노랑	1 (∞)		자세(Atti) 비행모드
		보라	2 (∞)		수동(Manual)비행모드
	경고등	빨초노	1 (∞)		시스템 진단
		초록	4		시스템 준비 완료
		빨노	1 (∞)		지자계 비정상
		노랑	1 (∞)		1차 저전압 경고
		빨강	1 (∞)		2차 저전압 경고
		빨강	(∞)		치명적 오류
		노랑	1 (∞)		조종기(Tx) 신호 두절(Fail Safe)
	지자계 보정	노랑	(∞)		수평 보정 시작
		초록	(∞)		수직 보정 시작
		빨강	(∞)		캘리브레이션 오류(재실시)

제작사_모델	분류	색 상	점등횟수	작 동	의 미
DJI_A3_(pro)	비행모드	초록	1 (∞)		GPS 비행모드
		노랑	1 (∞)		자세(Atti) 비행모드
		보라	2 (∞)		수동(Manual)비행모드
	경고등	빨초노	1 (∞)		시스템 진단
		초록	4		시스템 준비 완료
		빨노	1 (∞)		지자계 비정상
		노랑	1 (∞)		1차 저전압 경고
		빨강	1 (∞)		2차 저전압 경고
		빨강	(∞)		치명적 오류
		노랑	1 (∞)		조종기(Tx) 신호 두절(Fail Safe)
	지자계 보정	노랑	(∞)		수평 보정 시작
		초록	(∞)		수직 보정 시작
		빨강	(∞)		캘리브레이션 오류(재실시)
TopXGun T1-A	비행모드	보라	2 (∞)		GPS 비행모드
		노랑	2 (∞)		자세(Atti) 비행모드
		초록	1 (∞)		오토파일럿 비행모드
	경고등	빨강	2		GPS 위성 7개 미만
		빨강	1		GPS 위성 7개 이상(보통)
		빨파	(10)		지자계 교정 필요
		흰색	(∞)		IMU 데이터 에러
		노초	(∞)		GPS 데이터 에러
		노파	(∞)		조종기(Tx) 신호 두절(Fail Safe)
		노랑	1 (∞)		1차 저전압 경고
		빨강	1 (∞)		2차 저전압 경고
	지자계 보정	파랑	(∞)		수평 보정 시작
		초록	(∞)		수직 보정 시작
		흰색	(∞) 4		캘리브레이션 성공
		빨강	(∞)		캘리브레이션 오류(재실시)

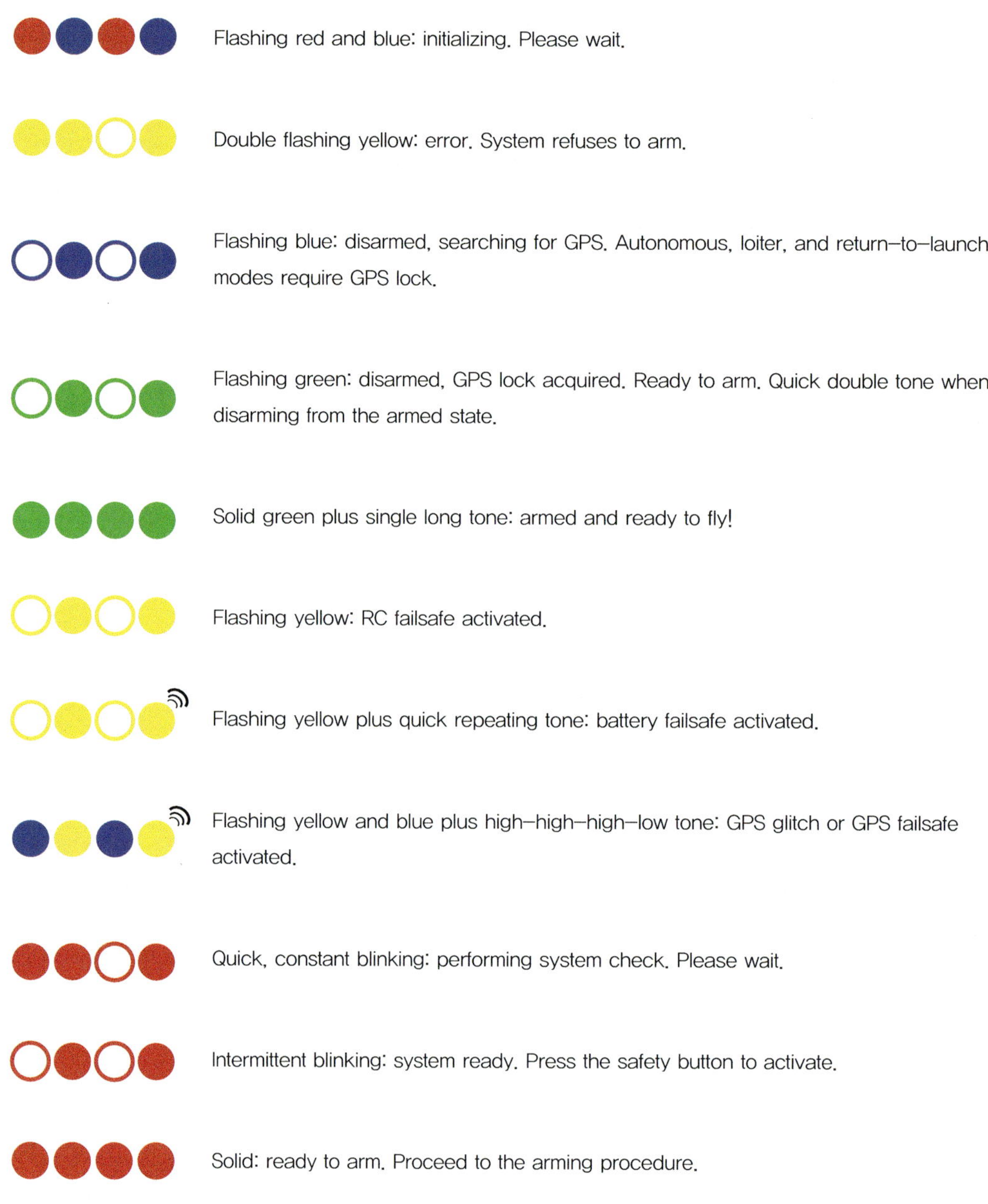

FC의 불빛과 부저 음에 관련된 자료는 3d.com/learn에서 알 수 있다.

Fixhawk

7. 조종자 조종 위치로 이동

비행장치로부터 조종 위치로 이동한다. 이동 시 배터리 박스 등 비행장치 주변에 장애요소가 없도록 한다.

8. 비행장 안전점검 : 아래 사항을 확인하고 복창한다.

비행장치로부터 조종 위치로 이동한다. 이동 시 배터리 박스 등 비행장치 주변에 장애요소가 없도록 한다.

1. 비행장 경계 :

좌측, 우측, 전방, 후방 **"이상무!"** 호창

2. 풍향, 풍속 확인 :

비행장 내 설치된 풍향지시기(Wind Sock)을 보고 호창한다.
멀티콥터 운용 시에는 8방위를 적용할 수 있다.

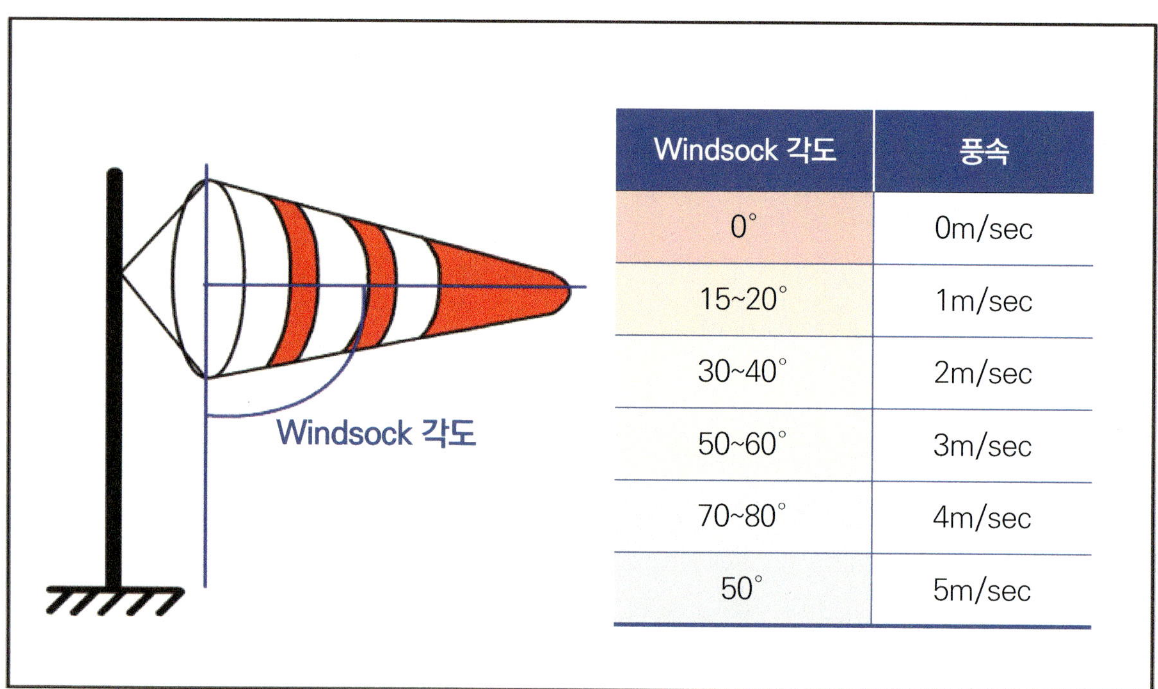

Windsock 각도	풍속
0°	0m/sec
15~20°	1m/sec
30~40°	2m/sec
50~60°	3m/sec
70~80°	4m/sec
50°	5m/sec

3. GPS 수신 상태확인

1. 배터리 이동 시 외부 충격에 대한 보호를 위해 하드케이스에 담아 이동을 권장한다.

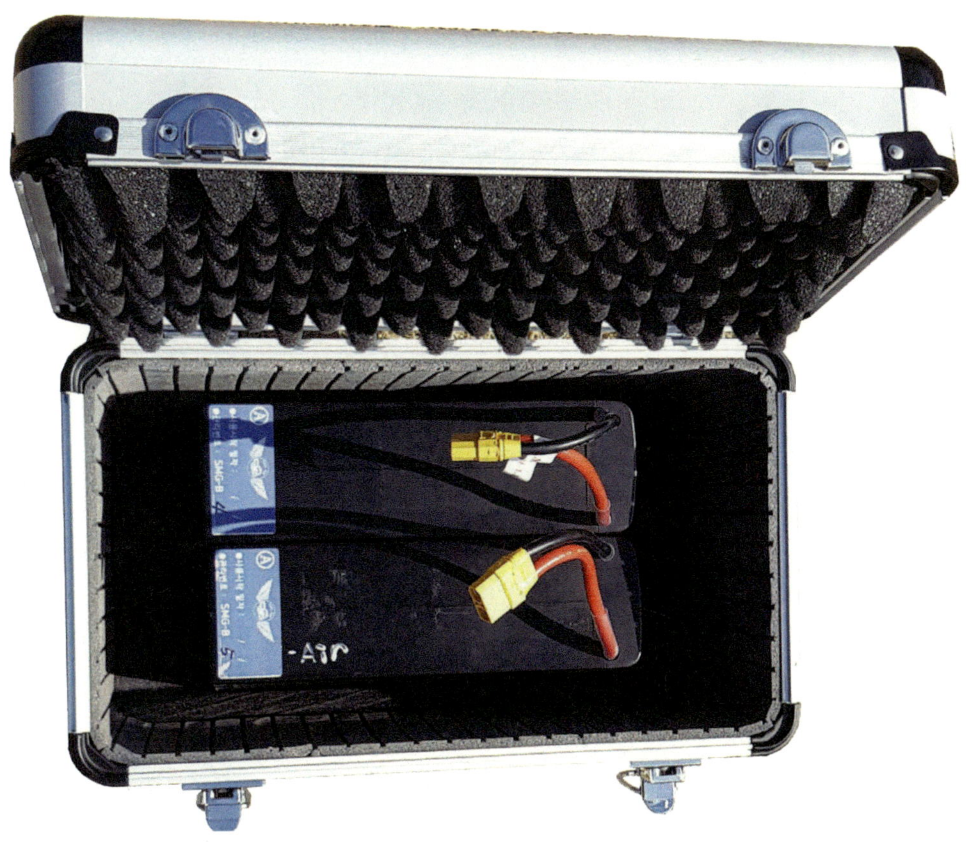

2. 기체를 제어하는 조종기 또는 FC에 경고음이 울리거나, LED 색상이 정상이 아닐 경우 전원을 재부팅 하여 해결한다. 재부팅을 할 경우 전원 분리 후 일정 시간(약 10초)이 지난 후에 재부팅 시켜준다.

3. 조종기 전원 인가 시 주의할 점.
   1) 안테나의 방향이 올바른지 확인한다.
      조종기 안테나는 지향성이 있다. 따라서 안테나 옆면이 전파의 강도가 가장 강하고 출력이 최대이다. 가능한 안테나의 끝이 기체(수신기)를 향하지 않도록 주의한다.

비행 중에는 절대로 안테나를 손으로 잡거나 금속 전도성이 있는 것을 부착하지 않는다. 또한, 이동 시 안테나 부분을 잡고 이동하거나 당기지 않는다. 안테나가 단선되어 조종 불능이 될 위험이 있다.

[전원 스위치를 켜는 경우]

송신기(조종기)의 전원 스위치를 켠 다음. → 수신기 측(기체) 전원 스위치를 켠다.

[전원 스위치를 끄는 경우]

수신기 측(기체) 전원 스위치를 끈 다음. → 송신기(기체)의 전원 스위치를 끈다.

2) 스로틀과 토글스위치가 정위치(0%) 또는 OFF 인지 확인한다.

◉ 토글 스위치 OFF를 확인하는 이유

▲ **방제기체**
비행준비 과정에서 농약 분사 장치가 작동하여 조종사가 농약에 노출될 위험이 있다.

▲ **촬영기체**
비행준비 과정에서 스키드를 접어주는 리트랙터(Retractor)가 작동하여 기체가 전복될 위험이 있다.

3) 조종기 배터리의 전압을 확인한다.

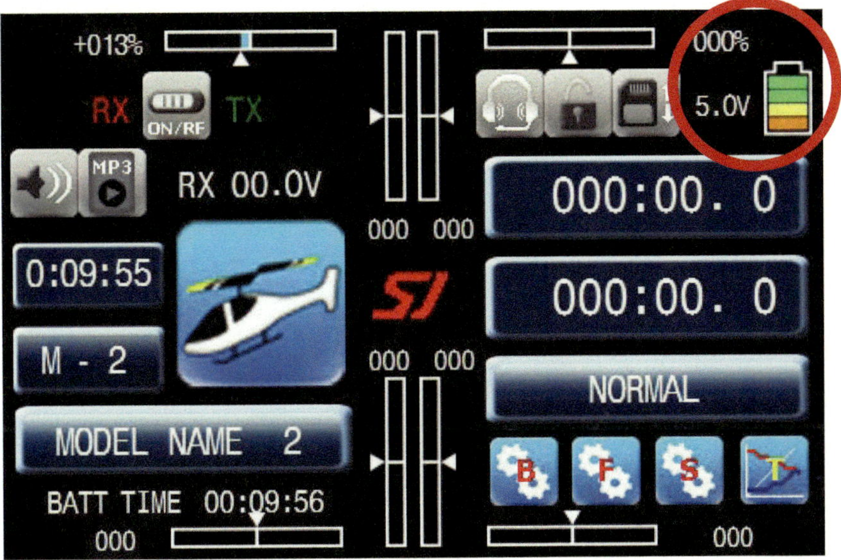

4) 전원 인가 순서가 조종기(송신기) 다음 기체 FC(수신기)인 이유는?
  : 무선장치의 전파혼선 및 안정을 위해 송신기 후 수신기 순서로 전원을 인가한다.

4. GPS 수신감도가 불량할 경우 조치방법?
  : 기체(비행장치)를 보다 안전한 곳(주변 시설의 간섭이 없는 곳)으로 이동한다.
5. 조종기의 시동이 걸리지 않거나 꺼지지 않을 경우 조치방법?
  : 조종기의 트림을 점검한다. (트림위치가 "0" 값인지 확인)

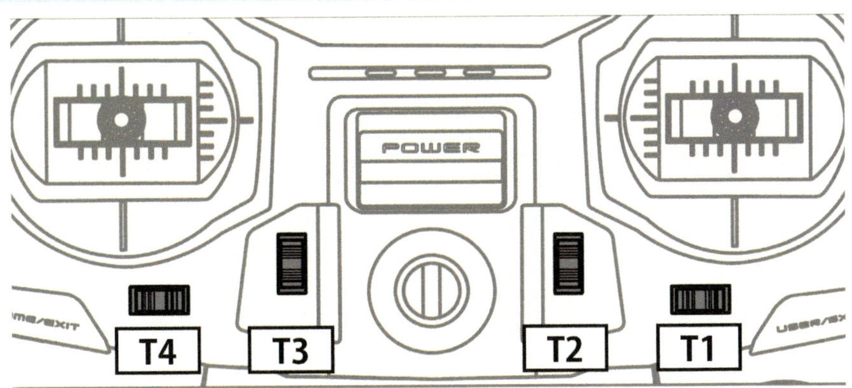

* T1(전/후방 Pitch), T2(좌/우 Roll), T3(상/하 스로틀), T4(좌/우 Yaw)

6. 조종기와 기체 FC의 바인딩이 끊겼을 경우 조치방법?
  : 조종기/수신기 간의 제작사, 호환성, 연결방식 등을 점검 후 바인딩을 시도한다.

2 기체의 시동/이륙 전 점검

● **평가 기준 :**
　정상적인 순서에 의하여 비행장치의 시동을 걸 수 있을 것.
　이륙 전 점검을 정상적으로 수행할 것(필요한 해당 비행장치만 실시)

● **주요 감점기준 :**
　① 시동 시 구조물, 지면 상태, 다른 비행장치, 사람 및 장애물의 안전
　　을 판단할 것
　② 기체의 시동 후 아이들 상태를 유지할 수 있을 것
　③ 이륙 전 점검을 통해 기체상태의 좋고 나쁨을 판단할 수 있을 것

조종기 잡는 방법

1 조종기 아랫면을 배꼽 부분에 살며시 붙여준다.
(어깨와 팔이 편안한 위치)

2 엄지가 스틱의 모든 영역에서 조작이 원활하도록 위치한다.

3 엄지손가락 끝마디의 2/5지점에 스틱을 올려둔다.

시동방법 (순서)

CSC (Combination Sticks Command)

1 스틱을 CSC 네가지 모션 중 한 가지를 충족시켜주어 모터 구동

2 모터 회전 후 스로틀 스틱을 10% 이상(아이들 상태) 유지한다.

이륙 전 점검방법

1 전 : 후방 모터의 RPM 증가 확인

2 후 : 전방 모터의 RPM 증가 확인

3 3.좌 : 우측 모터의 RPM 증가 확인

4 우 : 좌측 모터의 RPM 증가 확인

5 좌 Yaw : CW 모터의 RPM 증가 확인

6 우 Yaw : CCW 모터의 RPM 증가 확인

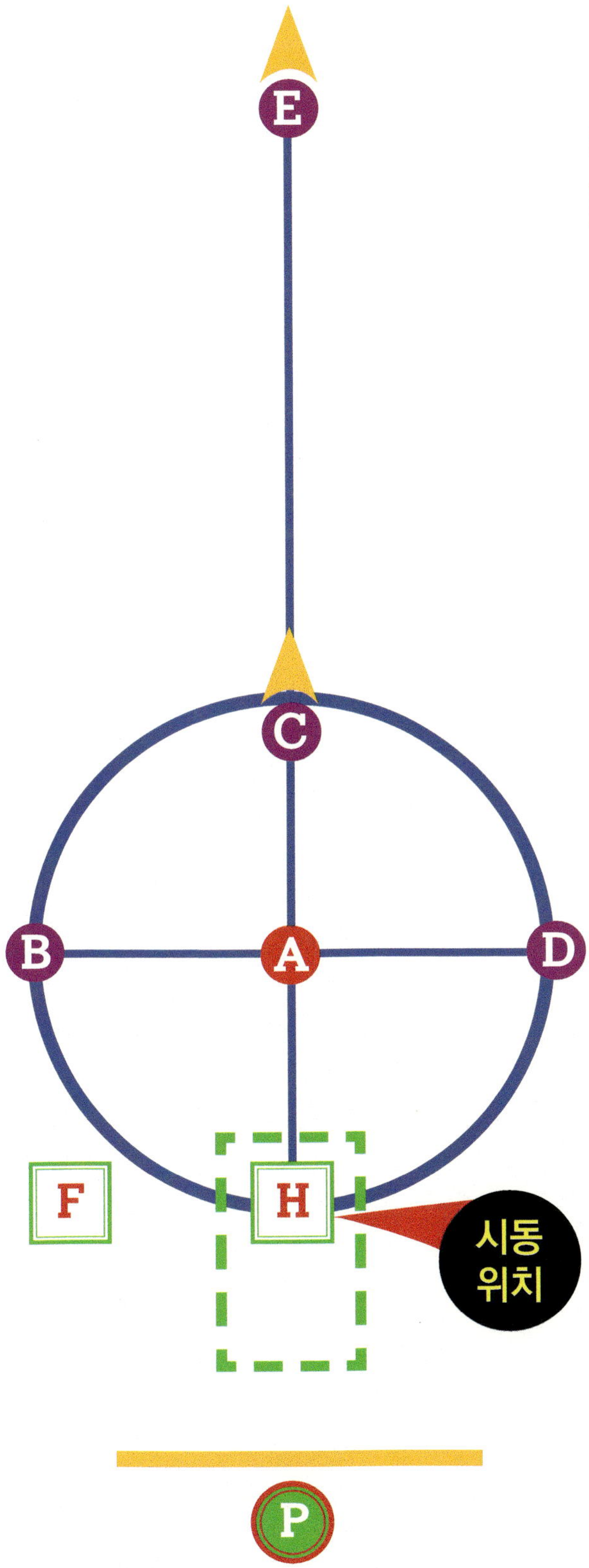

E
P : 조종자
A : 호버링 위치
H : 이착륙장
F : 비상착륙장
(비상착륙장 위치는 변동 가능)
C
B
A
D
F
H
시동 위치
P

① 조종기 잡는 방법

1. 조종기 아랫면을 배꼽 아래에 살며시 붙여준다. (어깨와 팔이 편안한 위치)
2. 엄지가 스틱의 모든 영역에서 조작이 원활하도록 위치한다.
3. 엄지손가락 끝 마디의 2/5지점에 스틱을 올려둔다.

② 시동방법

모터를 구동하기 위해서는 조종기 스틱으로 특정 모션을 만족시켜야 하는데, 이것을 CSC(Combination Sticks Command)라고 한다. 대표적인 모션의 종류에는 네 가지가 있다.

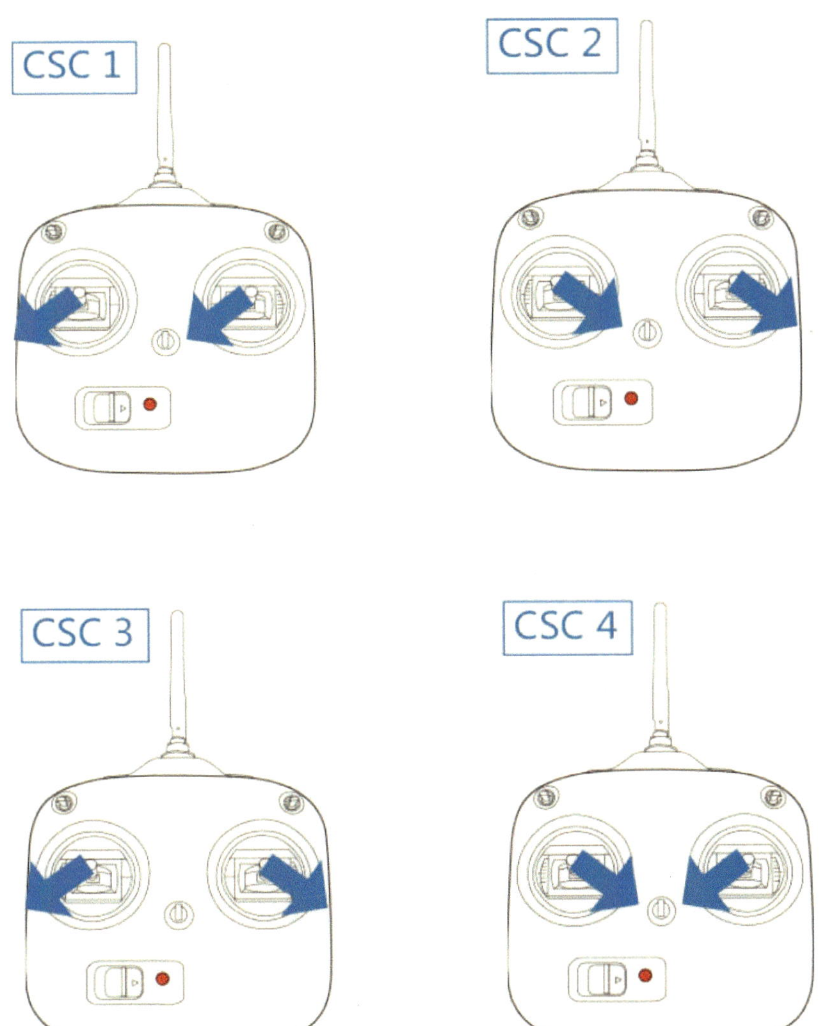

③ 이륙 전 점검을 하는 가장 큰 목적은?

기체의 전방 방향 확인, 조종기와 FC의 채널 확인(스로틀, 요, 피치, 롤), 로터의 정상 장착 확인(하강풍 확인), 해당 모터의 RPM 증가 시각, 청각 확인하기 위함이다.

④ 멀티콥터의 다양한 Mix Type

이륙 전 점검 시 (1)~(6) 조작은 한 가지씩 개별로 점검

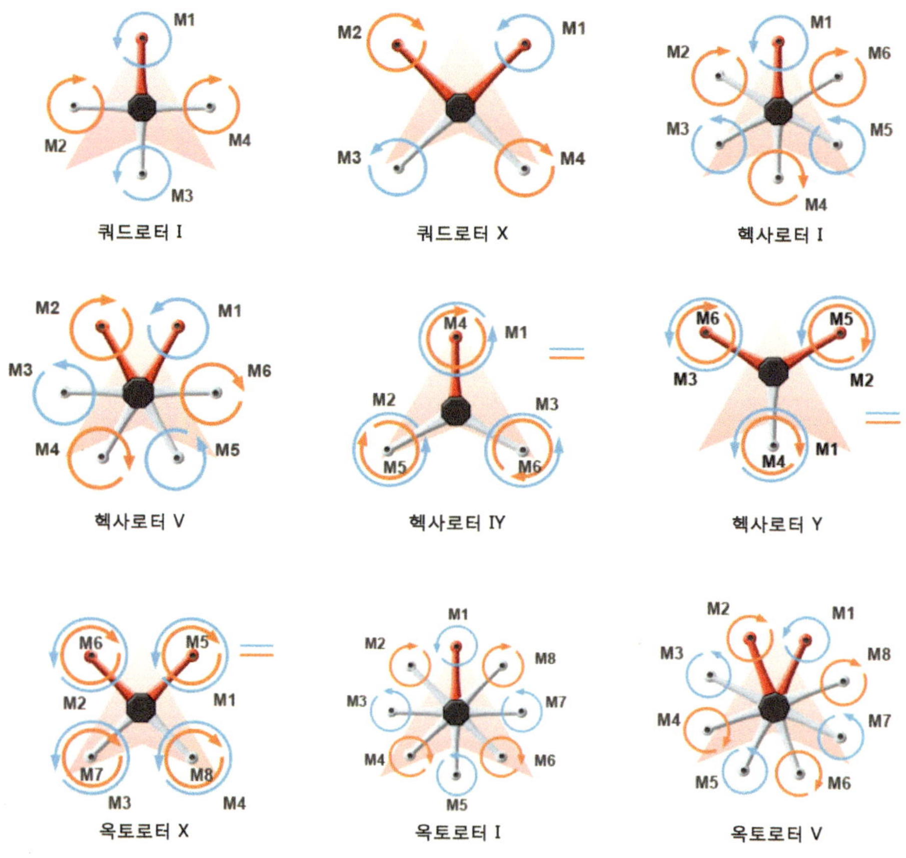

(1) 전방피치(Pitch) : 후방 모터의 RPM 증가 확인

(2) 후방피치(Pitch) : 전방 모터의 RPM 증가 확인

(3) 좌측 롤(Roll) : 우측 모터의 RPM 증가 확인

(4) 우측 롤(Roll) : 좌측 모터의 RPM 증가 확인

(5) 좌 요우(Yaw) : 시계방향(CW) 모터의 RPM 증가 확인

(6) 우 요우(Yaw) : 반시계방향(CCW) 모터의 RPM 증가 확인

* FC와 조종기의 종류에 따라 지상에서 시동 후 이륙 전 점검이 불가능하거나 불필요한 기종이 있으니 해당 매뉴얼에 따라 점검을 실시한다.

Q. 조종기 잡는 방법이 매우 다양하다. 가장 좋은 방법은?

A. 조종기를 잡는 방법에는 엄지 조종법, 엄지+검지 조종법, 스트랩을 이용한 조종법, 트레이를 이용한 조종법 등 다양한 조종법이 있다. 조종법의 정해진 정답은 없다. 여러 가지 조종법을 시도해보고 나에게 가장 편안하고 집중하기 좋은 조종법이 결국 정답이다. 주의할 점은 나의 최적의 조종법을 찾은 후, 다른 조종법을 시도해보고 실험하는 것보다 나의 조종법을 유지하고 기량 향상이 되도록 노력해야 한다.

Q. 기체 시동을 걸어주기 위해 조종기 스틱을 모아주는 이유는?

A. 잠금장치 없이 스로틀이 자유롭다면 갑자기 계획하지 못한 기체의 작동로 사고위험이 발생한다. 그래서 모터를 구동하기 위해서는 조종기 스틱으로 특정 모션을 만족시켜야 하는데, 이것을 CSC(Combination Sticks Command)라고 한다.
반대로 위급상황 시 기체 시동을 강제로 꺼주기 위해서 같은 CSC를 통해 시동을 OFF 할 수 있다.

Q. 시동 후 자꾸 시동이 꺼질 경우?

A. CSC를 통해 시동 후 스로틀 스틱을 10% 이상 올려주어야 시동이 유지된다. 그 이유는 반대로 시동을 끄는 조작이 스로틀을 끝까지(0%) 내려주는 조작이기 때문이다. 스로틀 스틱을 0%로 3초 이상 유지할 때 시동은 꺼진다.

Q. 이륙 전 점검을 실시하는 이유는?

A. 전/후/좌/우 조작을 통해 해당하는 모터의 회전수 증가하는지?, 회전수는 스틱의 조작과 일치하게 출력되는지?, 로터의 고정상태가 올바른지?, 정상적으로 하강풍이 발생하는지?, 기체의 기수가 전방을 향하고 있는지?를 확인 할 수 있다. 실제로 산업용 무인멀티콥터 현장에서 이륙 전 점검을 생략하고 이륙을 진행하다가 아주 사소한 원인으로 발생한 사고사례가 많다. 참고로 유인 헬리콥터의 점검표를 보면 지상에 있을 때 이륙 전 점검과 이륙 후 비행 전 점검을 반드시 실시하고 비행을 하는 경우를 볼 수 있다.

❶ 패턴비행 구호

평가관/교관	내 용
이륙	시동 → 이륙 전 점검(전, 후, 좌, 우) **"이상무"**→ 이륙 → 이륙 후 점검(전, 후, 좌, 우, 좌러더, 우러더) **"이상무"** → 정지
호버링 위치로	호버링 위치로 → 정지
정지 호버링 실시	좌측면호버링 → 정지 → 우측면 호버링 → 정지 → 정렬 → 정지
직/후진비행 실시	직진 → 정지 → 후진 → 정지
삼각비행 실시	좌로이동 → 정지 → 우로 상승 → 정지 → 우로 하강 → 정지 → 호버링 위치로 → 정지
원주비행 실시	원주비행 위치로 → 준비 → 실시 → 정지 → 정렬
비상조작 실시	2미터 고도상승 → 비상 → 정지
정상접근 및 착륙 실시	자세 모드 변경 → 변경확인 → 시동 → 이륙 → 정지 → 착륙장 위치로 → 정지 → 착륙→ 정지 → GPS 모드 변경 → 변경확인
측풍접근 및 착륙 실시	시동 → 이륙 → 정지 → 측풍접근 위치로 → 정지 → 우측면 호버링 → 정지 → 측풍접근 → 정지 → 착륙
비행종료	00분 00초 → 비행완료

* 이륙 전 점검을 통해 기수 방향이 전방을 향하는지, 로터 정상장착 확인(하강 풍 확인), 조작과 비례한 유연한 출력 유/무 등 전반적인 기체 상황을 점검한다.

* 모든 정지 구호 후에는 평가관의 지시에 따라 3∼5초 숫자를 세고 다음 비행조작을 실시한다.

* 비행모드 변경 후에는 해당하는 모드의 FC LED 색상이 3회 이상 정상 점등되는지 반드시 확인 후 변경확인 구호를 한다.

❷ 패턴비행 순서

조종법 총괄

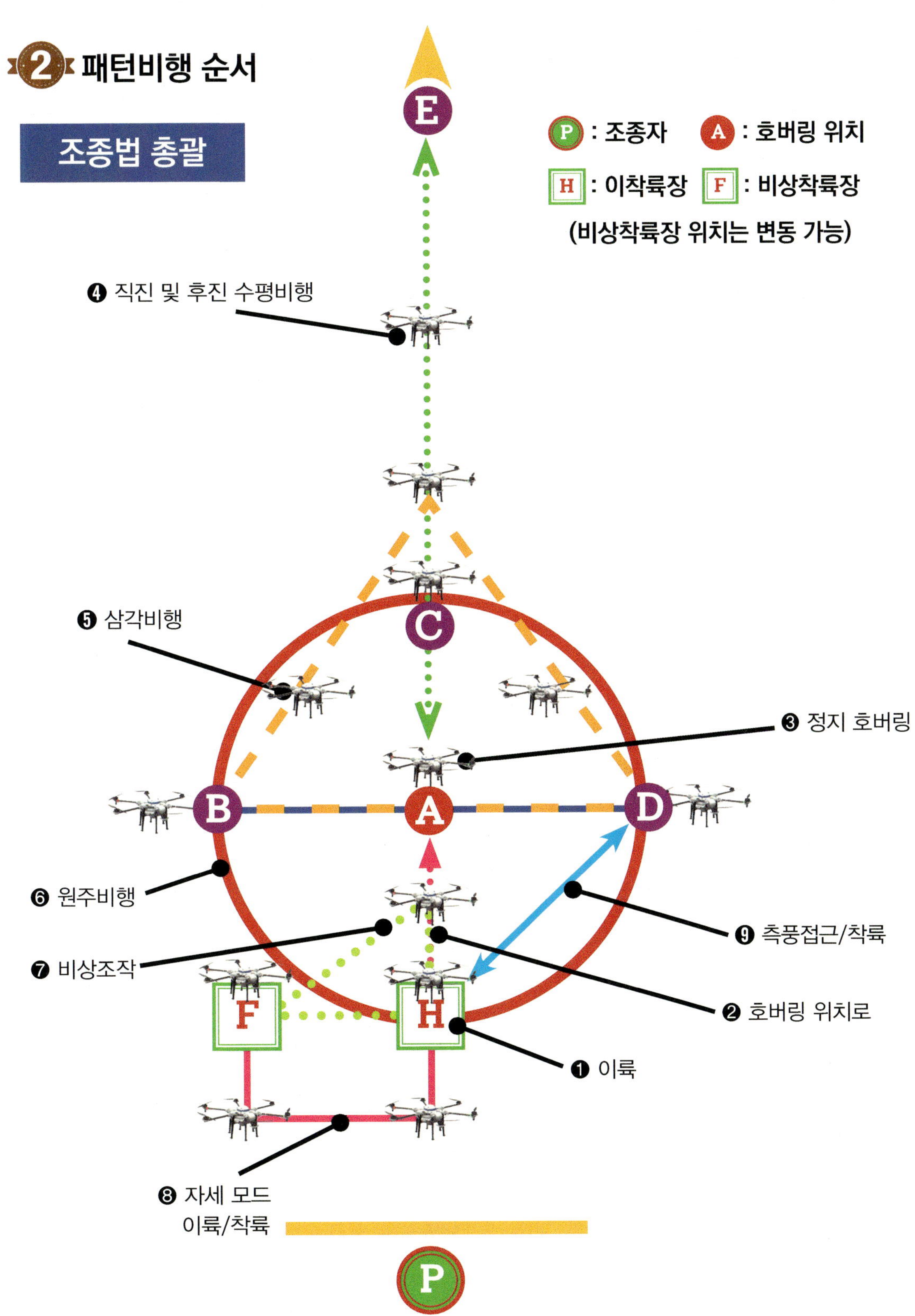

● 평가 기준 :

① 이륙 위치에서 이륙하여 스키드 기준 고도(3~5m)까지 상승 후 호버링 (기준 고도 설정 후 모든 기동은 설정한 고도와 동일하게 유지)
② 호버링 중 요우, 피치, 롤 이상 유무 점검
③ 세부 기준
  • 이륙 시 기체 쏠림이 없이 수직 상승할 것
  • 상승 속도가 너무 느리거나 빠르지 않고 일정하고, 기수 방향을 유지할 것
  • 측풍 시 기체의 자세 및 위치를 유지할 수 있을 것

● 주요 감점기준 :

① 원활하게 이륙 후 수직으로 지정된 고도까지 상승할 것
② 이륙을 위하여 유연하게 출력을 증가할 것
③ 이륙과 상승을 하는 동안 측풍 수정과 방향유지, 수직 상승이 되도록 할 것

1 스로틀을 지속적으로 지그시 올린다.

2 이륙 위치에서 기준 고도까지 상승한다.

3 상승 간 기수가 좌, 우로 돌아가지 않도록 유의한다.

4 일정한 상승 속도 유지한다.

5 기준 고도 3~5m에 도달하면 정지한다.
한번 정한 고도는 모든 비행에서 일정하게 유지한다.
6 이륙이 완료된 후 이륙 후 점검을 실시한다.

◉ **호버링 위치로 이동**
– 전진 피치를 가하여 일정한 속도로 호버링 위치로 이동한다.
– 고도의 상승 및 강하가 되지 않게 스로틀에 일정한 압을 유지한다.

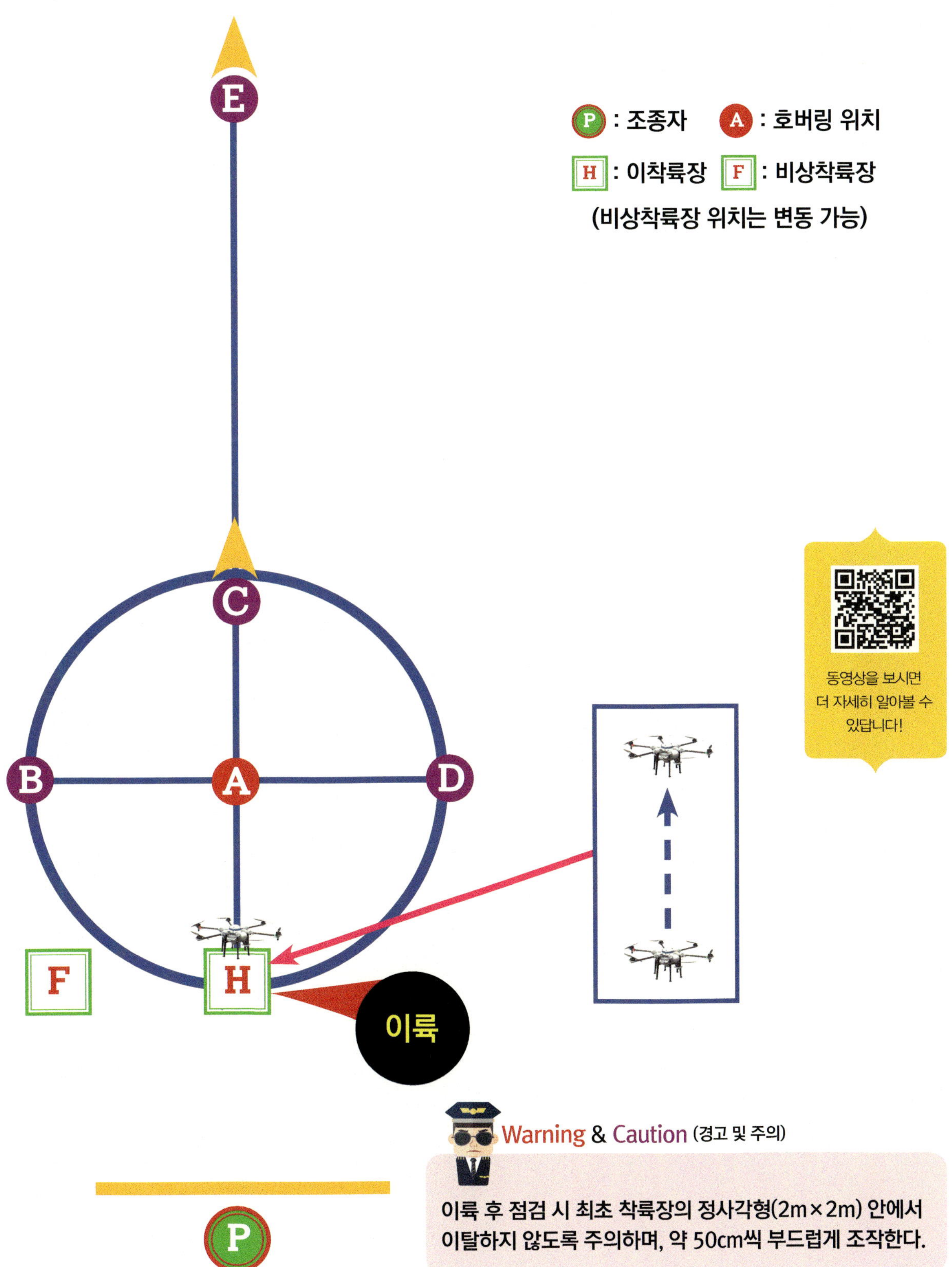

Warning & Caution (경고 및 주의)

이륙 후 점검 시 최초 착륙장의 정사각형(2m×2m) 안에서
이탈하지 않도록 주의하며, 약 50cm씩 부드럽게 조작한다.

1. 훈련장의 안전사항, 풍향, 풍속, 기체, GPS 수신감도 등을 최종 판단하여 이륙을 결심하면 스로틀을 부드럽고 안정되게 상승하여 이륙한다.

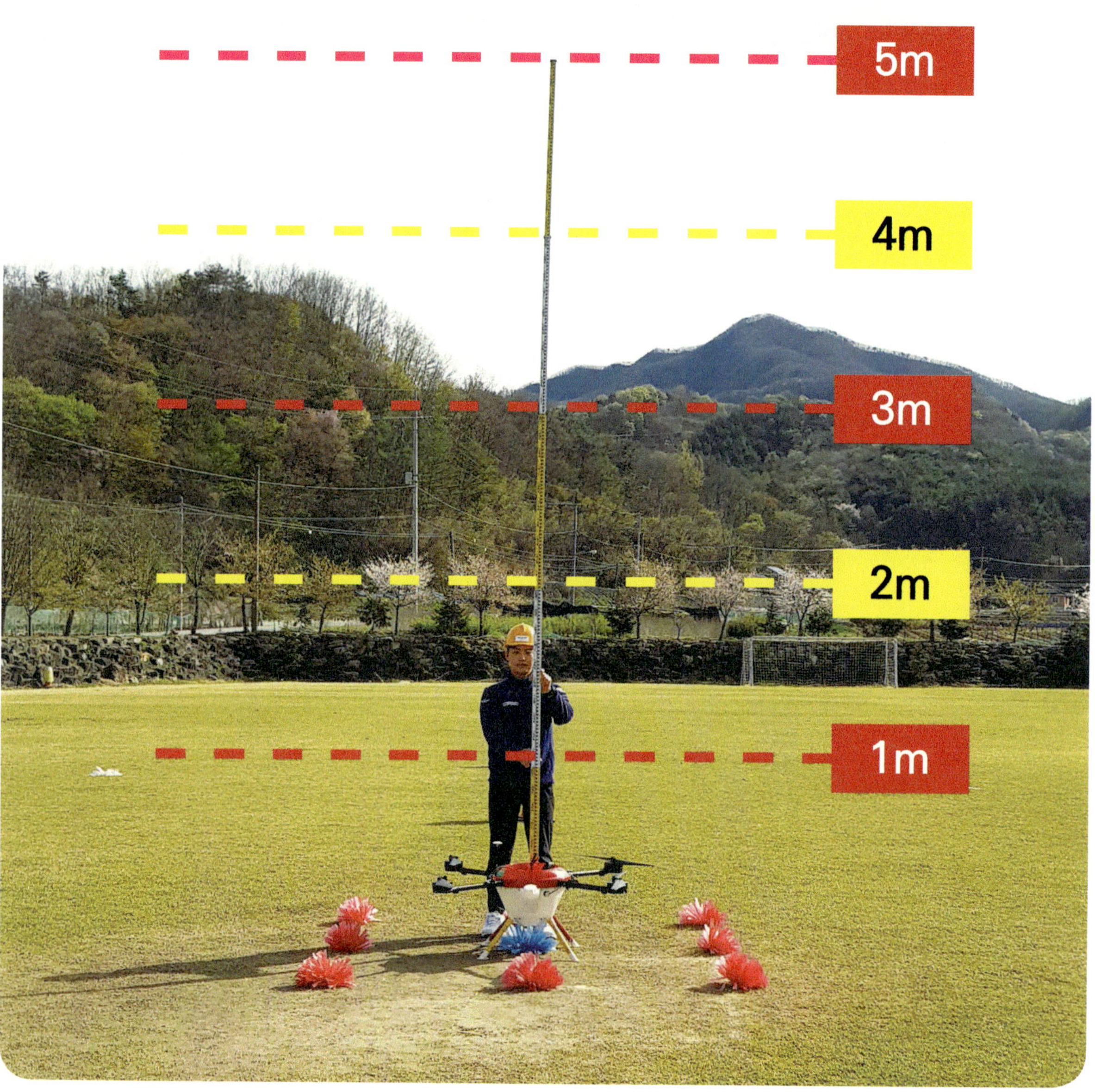

[실기시험 평가 기준고도는 3~5m이다.]

2. 이륙 후 기준 고도에 도달하면 천천히 정지한다. (기준 고도는 3~5m 중에서 조종자가 결정한다. *필자는 비행고도를 3.5m로 정한다)

1. 3.5m로 비행고도를 정했으면 모든 비행 고도를 3.5m로 유지해야한다.
2. 고도를 쉽게 파악하는 방법은 비행장 배경 지형지물을 참고하여 기체 자세를 유지한다. 예를 들어 착륙장에서 3.5m 고도의 배경은 "전방 전봇대 꼭지점에 스키드" 이러한 방식으로 참고한다.
3. 통상 훈련장 및 실기 시험장의 라바콘의 높이를 기준으로 고도파악 방법도 있다. 약 1m높이의 라바콘이 설치된 경우 3m의 경우 3개 높이 기준, 3.5m의 경우 3+1/2개의 높이를 기준하면 된다. 아울러 50m지점에서의 고도 역시 조종자 위치에서 보이는 라바콘의 크기를 고려하여 높이를 고려하면 된다.

3. 이륙 후 점검이 끝나면 착륙장 위치(H)에서 호버링 위치(A)로 7.5m 전진한다. 착륙장에서 이륙했을 때, 기체 그림자 위치를 파악하여 참고하면 호버링 위치(A)로 이동 시 기체의 이동 거리를 쉽게 파악할 수 있다.

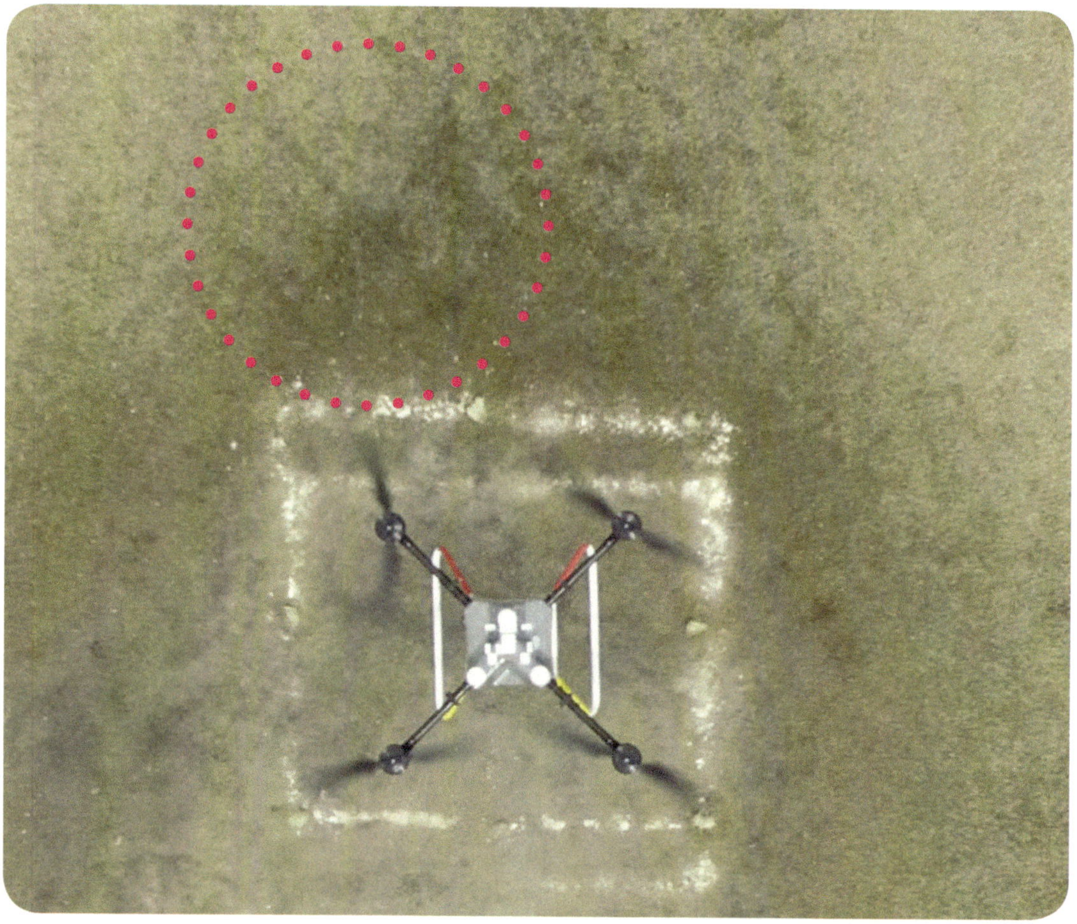

[착륙장에서 고도 3.5m 비행 시 지면에 나타나는 기체 그림자(빨강색 원)

Q. 이륙조작 시 상승 중에 주의해야 할 점은?

A. 스로틀 상승과 동시에 롤(Roll), 피치(Pitch)조작을 함께 조작하여 기체가 착륙장을 벗어나지 않도록, 기체가 수직상승을 하도록 조작한다. 또한, 이륙속도가 일정하도록 스로틀을 꾸준히 유지-조작한다.

Q. 평가 기준 고도를 한 번에 쉽게 판단(결정)하는 방법은?

A. 이륙하기 전 차분하게 눈으로 3.5m 지점을 먼저 보고(눈도장 찍고) 이륙하여, 미리 확인된 고도에 도달하면 서서히 스로틀을 줄여준다.

모든 패턴비행에서 목적지에 기체보다 시선이 먼저 도착할 수 있도록 노력하자. 기체가 먼저 이동하고 시선이 따라가는 비행과 미리 시선이 목적지를 충분히 인지하고 주의할 부분과 기체 상황 판단 후 조작하는 계획비행의 차이는 매우 크다. 항상 시선이 기체보다 먼저 향할 수 있도록 노력한다.

Q. 이륙 후 적절한 비행고도는?

A. 교통안전공단 실기시험 평가 기준에는 기준 고도 3~5m이다. 바람의 영향으로 고도침하가 발생할 것을 대비하여 여유 있는 3.5m 고도에서 비행을 실시한다. 고도의 감점 기준은 상/하 50cm 오차만 허용함으로 항상 주의한다.

Q. 이륙 후 점검을 실시하는 적절한 조작양은?

A. 착륙장 안에서(2m×2m) 모든 점검을 실시한다. 전/후/좌/우/좌Yaw/우Yaw를 부드럽게 50cm 정도 이동하여 점검하며, Yaw는 약 15도를 조작하여 기체의 움직임 및 상태 점검을 실시한다.

Q. 호버링 위치를 한번에 찾기 위한 방법은?

A. 대부분 호버링 위치까지 7.5m 전진을 하지 못하고 4~5m 지점에서 다음 비행항목이 진행되는 경우를 볼 수 있다. 호버링 위치를 쉽게 찾는 방법은 착륙장에서 이륙 후 기체의 그림자 위치를 파악 후 응용하는 방법, 라바콘의 수술이 하강 풍에 의해 휘날리는 방향을 파악하는 방법, 지형지물을 이용하여 기체의 크기를 비교하는 방법 등 다양한 방법이 있다.

1 공중정지비행(호버링)

● **평가 기준 :**
① 호버링 위치(A 지점)로 이동하여 기준 고도에서 5초 이상 호버링
② 기수를 좌측(우측)으로 90도 돌려 5초 이상 호버링
③ 기수를 우측(좌측)으로 180도 돌려 5초 이상 호버링
④ 기수가 전방을 향하도록 좌측(우측)으로 90도 돌려 호버링

● **주요 감점기준 :**
① 고도 변화 없을 것(상하 0.5m까지 인정)
② 기수 전방, 좌측, 우측 호버링시 위치 이탈 없을 것
　 (무인멀티콥터 중심축 기준 반경 1m까지 인정)
③ Yaw 조작이 일정하게, 끊기지 않도록 할 것.

1 좌 Yaw를 부드럽게 조작하여 기체를 90° 회전시켜 좌측 면이 되도록 한다.
(pitch와 roll을 적절하게 조종하여 기체의 이탈을 방지하여 준다)
좌측면 상태에서 5초간 대기한다.

2 우 Yaw를 부드럽게 조작하여 기체를 180° 회전하여 우측 면이 되게 한다.
(동일하게 pitch와 roll을 적절하게 조종하여 기체의 좌, 우 이탈을 방지한다)
우측면 상태에서 5초간 대기한다.

3 좌 Yaw를 부드럽게 조작하여 기체를 정 방향으로 정렬한다.

4 Yaw 키를 이용하여 좌, 우로 선회 시 기체의 자세 변화를 빨리 파악하여 pitch와 roll 키의 대응을 신속히 하여야 기체의 중심 이탈을 최소화할 수 있다.

Warning & Caution (경고 및 주의)

1. 조작 미숙 시 좌/우 선회비행(360도)하며 방향 판단 조작능력 숙달
2. 전/후진 비행, 좌/우 수평 비행을 통해 스틱의 긴장도와 기체 움직임을 터득
3. 좌측면/우측면 상태로 B–D수평 비행을 통해 방향 판단 조작능력 숙달

1. **"좌측면 호버링"** 이라 복창하고, **좌 Yaw 90˚** 조작하여 회전한다.

2. "우측면 호버링" 이라 복창하고, **우 Yaw 180˚** 조작하여 회전한다.

3. "정렬" 이라 복창하고, **좌 Yaw 90˚** 조작하여 정자세로 회전한다.

Yaw를 조작하여 회전할 때는 속도를 천천히, 일정하게 유지되도록 한다. Yaw의 비행 원리는 작용/반작용 원리를 이용한다.
(좌 Yaw = 시계방향(CW) RPM 증가 / 우 Yaw = 반시계방향(CCW) RPM 증가의 변화가 있다) 따라서 Yaw를 급격하게 과조작하면 멀티콥터의 전체적인 RPM의 불균형이 발생하여 고도침하 또는 상승이 될 수 있다.

1. 실기시험에서 공중 정지 호버링을 못하여 탈락되는 경우가 많이 발생하고 있다. 비행체 성능이 좋아지다 보니 조종교육보다는 기체의 보조성능에 의존하는 경우가 많다. 예를 들어 기본 센서 외의 고도, 초음파 센서 등을 장착하여 사용하고 있다. 하지만 실기시험 시에는 부가 장치의 사용 즉 거리, 고도 등의 구간 설정을 통제하고 있다. 따라서 조종교육을 충실히 하여야 한다.(고도 자동유지 장비는 시험 시 절대 불리함을 알아야 한다.)
2. 제자리 선회 비행 시 중심으로부터 벗어나는 것을 반드시 조종으로 유지시켜야 한다.

Yaw 조작 중 기체가 특정 방향으로 흐르는 이유는?

좌/우측면 비행 시 기체가 흐르는 이유는 GPS의 오차범위 때문에 발생할 수도 있고, 기체 자세 변화에 따른 조종 대응이 늦어서 발생한다.

비행 성능 (기계적 성능과 페이로드(이륙장치)에 의해 영향받을 수 있음)	
호버링 정확도(GPS 모드에서)	수직:0.5m 오차범위 수평:1.5m 오차범위
저항 최대 풍속	8m/s(17mph / 28.8km/h) 이내
최대 Yaw축 속도	150deg/s
최대 자세 각도	35°
상승/하강 속도	6m/s

Q. 좌/우 측면비행 시 방향판단 감각 및 일정한 Yaw턴 조작이 어려울 때 좋은 연습방법은?

A. 아래의 비행훈련을 통해 측면비행 감각 및 조종법을 숙달한다.

※ 훈련방법
1. 좌측면 자세에서 B 위치-D 위치 수평이동(전/후진) 비행
2. 우측면 자세에서 B 위치-D 위치 수평이동(전/후진) 비행

3. 좌 Yaw를 조작하여 좌선회 비행(360°)를 기동하며, Pitch와 Roll을 조종하여 호버링 위치(A)로 찾아온다.
4. 우 Yaw를 조작하여 좌선회 비행(360°)를 기동하며, Pitch와 Roll을 조종하여 호버링 위치(A)로 찾아온다.

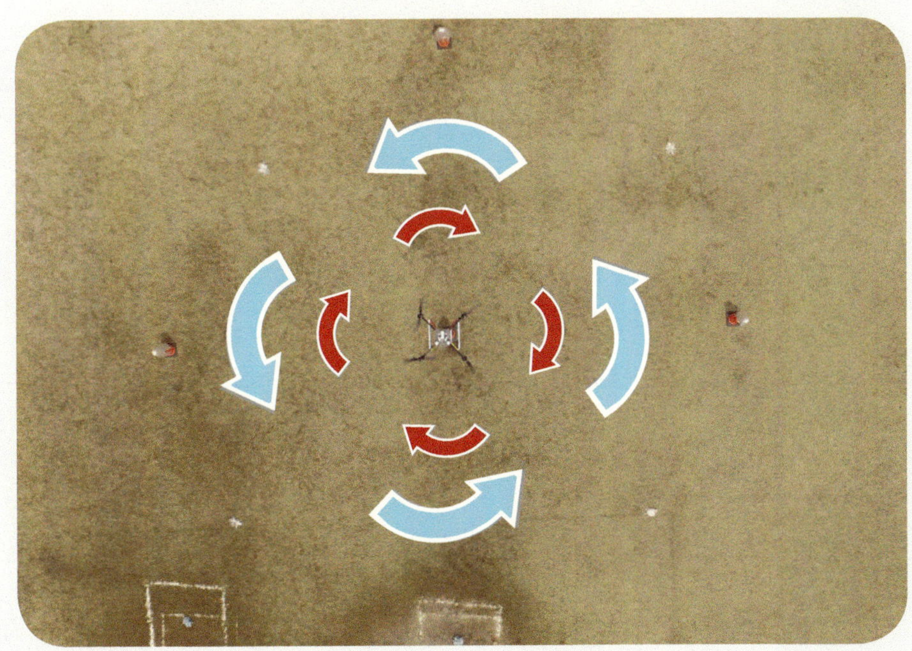

2 직진 및 후진 수평비행

● **평가 기준 :**
  ① A 지점에서 E 지점까지 50m 전진 후 3~5초 동안 호버링
  ② A 지점까지 후진 비행

● **주요 감점기준 :**
  ① 고도 변화 없으며(상하 0.5m까지 인정) 경로 이탈이 없을 것
    (무인멀티콥터 중심축 기준 좌우 1m까지 인정)
  ② 속도를 일정하게 유지할 것
    (지나치게 빠르거나 느린 속도, 기동 중 정지 등이 없을 것)
  ③ E 지점을 초과하지 않고(5m까지 인정), 기수 방향이 전방을 유지할 것

직진 및 후진 수평 비행 조종 방법

1 전진 Pitch를 조작하여 일정한 속도로 전진한다.

2 좌, 우측으로 벗어나지 않도록 유의하며, 속도파악에 유념한다. 속도가 많을 시 고도가 떨어질 수 있다. 맑은 날은 비행체의 그림자를 보면서 속도감을 파악할 수 있다.

3 50m 지점(E)에서 상공에서 정지한다.

4 후진 Pitch를 조작하여 직진할 때와 동일하게 일정한 속도로 후진한다.

5 C 지점 상공을 통과할 시 속도를 천천히 줄여 호버링 지점에서 유연하게 정지한다.

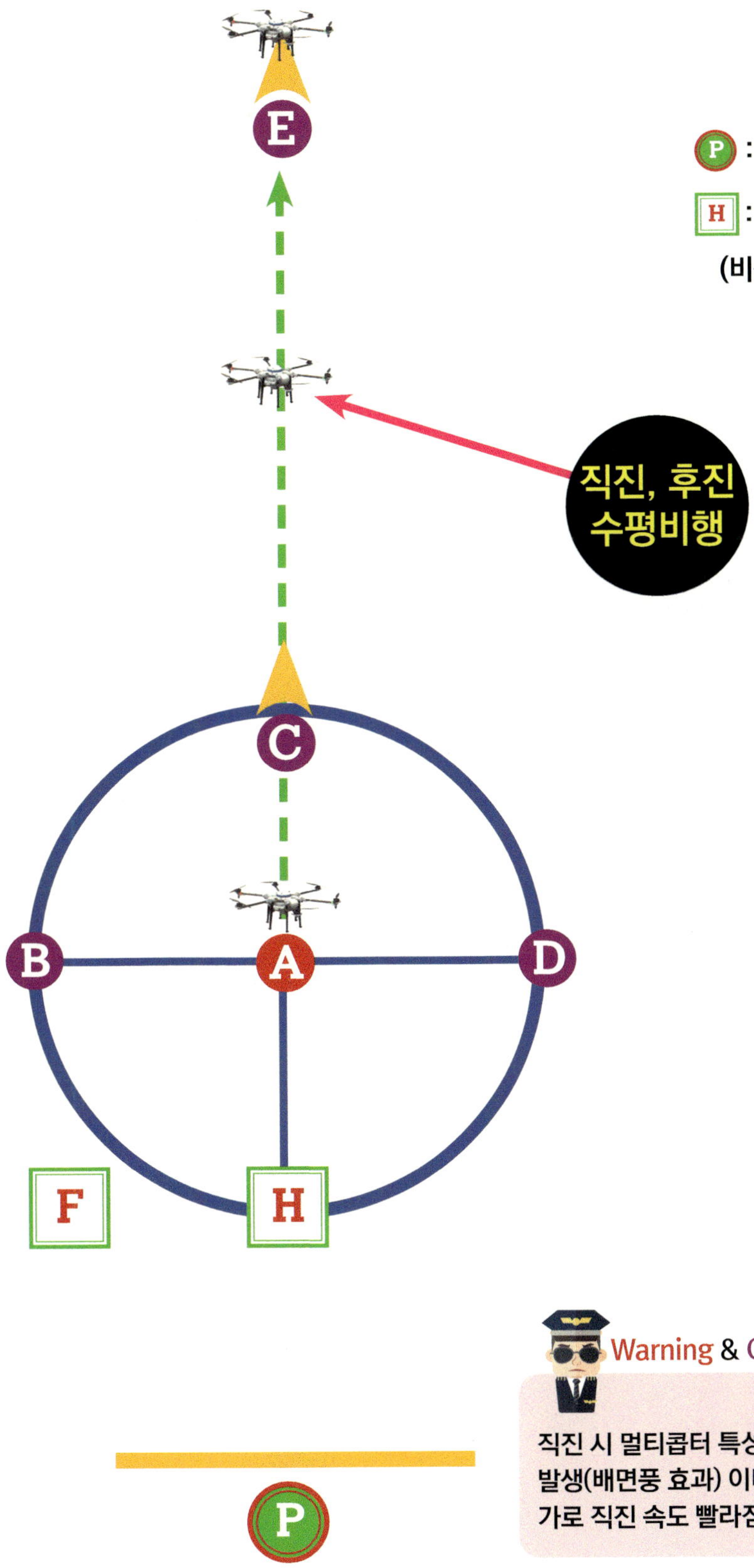

P : 조종자 A : 호버링 위치

H : 이착륙장 F : 비상착륙장

(비상착륙장 위치는 변동 가능)

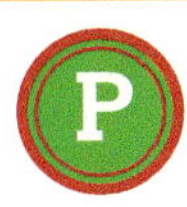

Warning & Caution (경고 및 주의)

직진 시 멀티콥터 특성상 후방 모터 RPM 증가로 고도 침하 발생(배면풍 효과) 이때, 스로틀 상승 시 전체 모터 RPM 증가로 직진 속도 빨라짐 이해.

세부 조정방법

1. 전방 Pitch를 일정하게 조작하여 일정한 속도로 직진한다.

1. GPS 오차범위로 인해 기체가 좌 또는 우로 흐를 경우, Roll을 Pitch와 섞어 주어 직진한다.

[호버링 위치]

[5m 직진]

[25m 직진]

[50m 위치-정지]

2. 기체가 멀어질수록 고도가 낮아지는 느낌이 들어야 한다. 기체 배경으로 보이는 지형지물을 참고하여 고도를 파악하면 현재 고도를 쉽게 알 수 있다.

[기체는 3.5m 기준 고도에서 직/후진 비행(노란선)을 한다. 하지만, 조종자 시선과 기체 간의 고도차이 때문에 직진할수록 고도가 낮아지고, 후진할수록 고도가 높아지는 착시현상이 발생한다. 이러한 착시현상은 조종자 시선과 기체가 동일한 높이일 경우는 발생하지 않고, 기체 고도가 높을 경우에는 점차 낮아져 보이고, 기체 고도가 낮으면, 점점 높아져 보이게 된다.]

3. 20m 지점에서 고도침하가 발생할 경우 스로틀을 조작하여 기준 비행고도를 유지한다.

4. 급격한 직/후진 비행 시 기체 고도가 떨어지는 이유?

① "하버링을 하면서 동고도를 유지하는 것은 결국 현재 고도에서 양력(상방향 힘 + 전방이동 힘의 합력)과 중력이 균형이 이루고 있기 때문이다. 전진을 하기 위해 스로틀의 보상이 없이(동일한 에너지) 기수만 전방으로 기울이면 상방향 힘은 감소하고, 전방 이동하는 전방이동 힘은 상방향 힘이 감소하는 것만큼 커지게 된다. 결국 전방으로 이동하면 그만큼 고도를 유지하는 힘인 양력이 감소하여 고도가 침하하는 현상이 생기고, 이 때 고도를 유지하기 위해서는 스로틀을 올려주어야 한다."

② 고도침하 시 스로틀을 올리면 고도가 상승하는 동시에 멀티콥터 모든 모터의 RPM이 증가하여 전/후 이동속도가 함께 증가하기 때문에 이를 참고하여 스로틀과 피치(Pitch)를 조작해야 한다.

2. 50m 지점(E)에 도착하면 정지한다.

초보자의 경우 시각으로만 거리감을 판단하기에 매우 어려움이 크다. 그래서 몇 가지 방법을 참고하면 거리감 파악에 도움이 된다.

① 기체의 그림자를 확인해라. (그림자와 50m 지점의 일치 여부를 확인)
② 기체가 충분히 멀어져서 작게 보인다면 오른손 Pitch에 집중해서 서서히 직진속도를 줄여 접근한다.
④ 전진 비행시 줄어든 양력은 50m도달하여 정지비행을 하게 되면, 이번엔 반대로 양력의 발생이 증가하여 상승하는 현상이 나타난다.

3. 후진 시 후방 Pitch를 조작하여 일정한 속도로 후진한다.

고도변화가 크게 변화되고, 좌, 우로 이탈되지 않도록 주의한다.

Q. 직/후진 비행 시 기체가 대각선으로 기동할 때 조치방법은?

A. GPS 교정작업을 정밀하게 실시해준다. 그 이후에도 기체의 직진성이 좋지 못하다면 GPS 안테나가 정확하게 전방을 향하는지 확인하고, 기체가 흐르는 반대 방향으로 조금씩(약 3도) 틀어준다. 통상적으로 DJI사 GPS 안테나의 경우, 좌로 약 3도 틀어주었을 때 직진성이 좋아지는 경우도 있다.

Q. 50m 지점에서 정확한 거리파악이 어려울 때 좋은 방법은?

A. 대부분의 초보자들은 50m 지점의 라바콘 수술이 휘날리는 것만 바라보고 직진 비행을 한다. 하지만 50m 지점에 바람이 불거나 기체의 직진 속도가 빠를 경우, 기체가 정확한 위치임에도 불구하고 수술이 휘날리지 않아서 거리를 초과하는 상황이 발생한다.
기체의 거리감을 파악하는 좋은 방법에는
첫째, 기체의 크기를 주변 지형지물을 이용하여 거리감을 파악한다.
(예: 라바콘, 배경사물)
둘째, 기체의 그림자를 이용하여 거리감을 파악한다.
셋째, 정확한 50m 지점의 기체 사진을 찍어서 반복해서 보며 이미지 트레이닝한다.
위의 방법을 참고하여 기체가 어느 정도 50m 지점에 근접했다고 판단되면 서서히 전방 피치(Pitch)를 줄여주는 조작이 매우 중요하다.

Q. 직/후진 비행 시 기체의 고도가 떨어지는 이유는?

A. 호버링 시에는 기체의 하강풍이 완전히 하방 하지만 직/후진 및 기동 비행에서는 하강풍이 이동방향의 반대 방향으로 떨어진다. 이때, 배면풍 효과로 인해 공기의 압력 차이가 발생하여 기체의 고도는 점점 떨어진다. 그래서 직진조작 시 스로틀을 적절히 받쳐주는 조작이 필요하다.

3 삼각비행

●**평가 기준 :**
① A 지점에서 B 지점(D 지점)까지 수평 비행 후 5초 이상 호버링
② A 지점(호버링 고도+수직 7.5m)까지 45도 대각선 방향으로 상승하여 5초 이상 호버링
③ D 지점(B 지점)의 호버링 고도까지 45도 대각선 방향으로 하강하여 5초 이상 호버링
④ A 지점으로 수평 비행하여 복귀

●**주요 감점기준 :**
① 경로 및 위치 이탈이 없을 것 (무인멀티콥터 중심축 기준 1m까지 인정)
② 속도를 일정하게 유지할 것(지나치게 빠르거나 느린 속도, 기동 중 정지 등이 없을 것)
③ 중심지점의 고도(약 11m)를 준수할 것

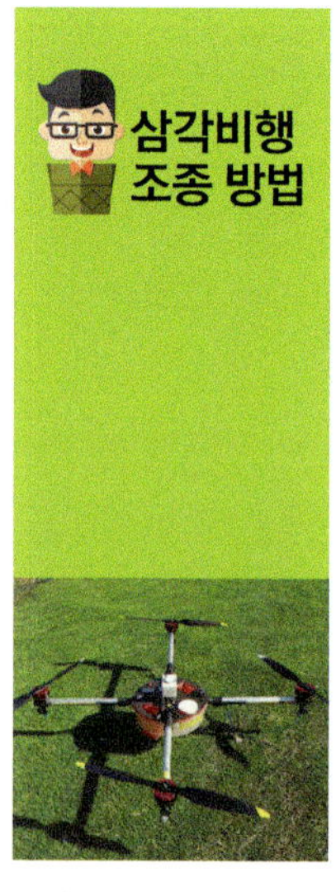

1 A 지점에서 B 지점으로 좌측 Roll을 이용하여 좌(우)로 이동한다.

2 현재 비행고도로부터 7.5m 상승한 약 11m 상공으로 우(좌)로 상승하여 이동한다.

3 A 지점의 11m 상공에서 정지한다.

4 D 지점으로 우(좌)로 하강한다.

5 호버링 위치로 좌(우) Roll를 조작하여 이동한다.

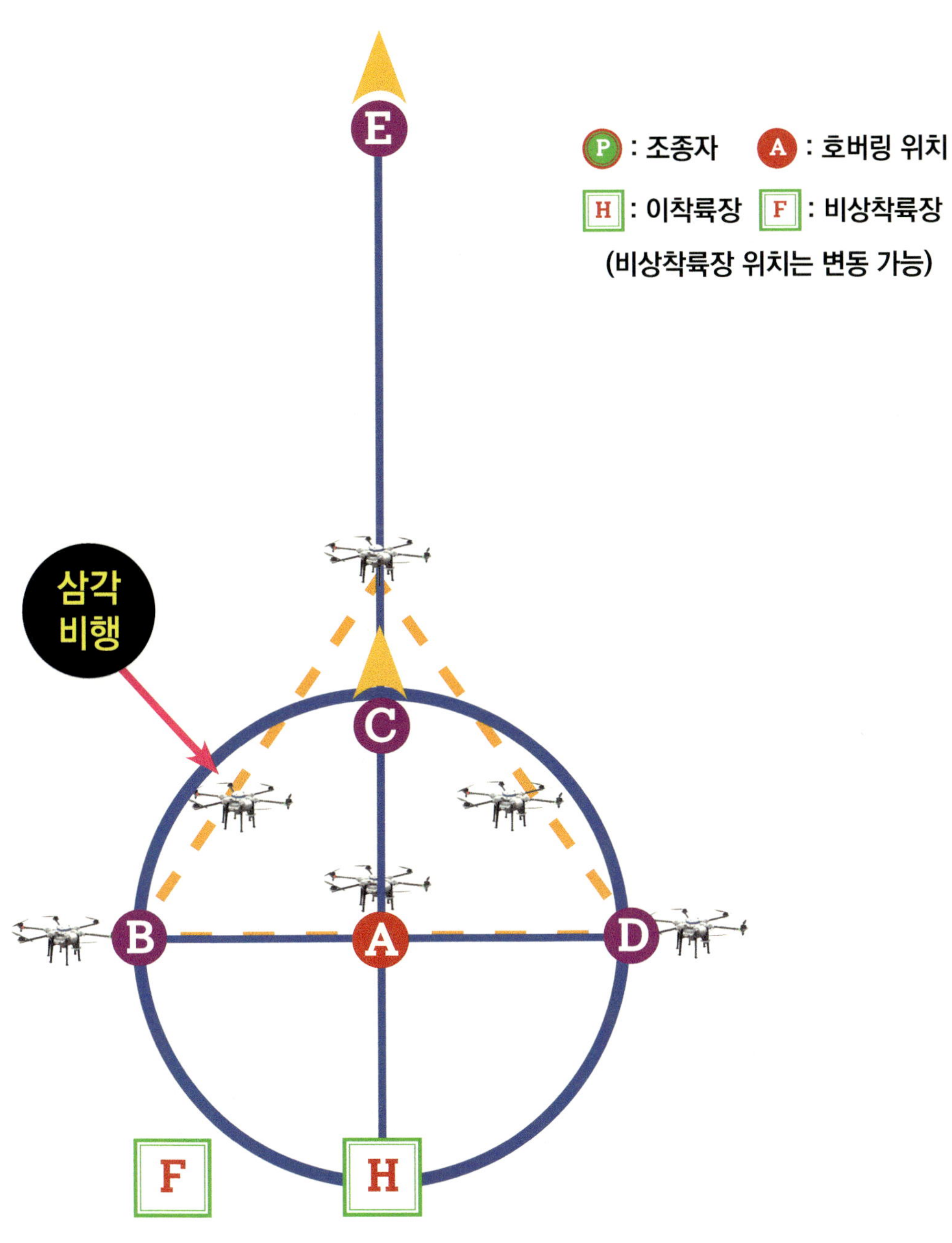
E
P : 조종자
A : 호버링 위치
H : 이착륙장
F : 비상착륙장
(비상착륙장 위치는 변동 가능)
삼각
비행
C
B
A
D
F
H
P

1. 세부 조종방법

우로 상승/하강하는 삼각비행을 기준으로 작성하였다. (좌로 상승/하강하는 삼각비행 방법
은 반대로 적용하면 된다)

1. A 지점에서 B 지점으로 좌측 Roll을 이용하여 좌로 이동한다.

1. 모든 이동 시 기체가 이동하기 전에 눈으로 먼저 B 지점을 확인 후 기체를 이
   동한다.
2. 좌로 천천히 이동하며 Roll 조작 감도에 집중한다.
3. B와 D 지점의 정확한 위치는 조종석에서 바라본 위치와 차이가 있다.

[B 지점에서 기체가 라바콘 보다 좌측으로 약 20cm 벗어난 느낌, D 지점에서 기체가 라바콘 보다
우측으로 약 20cm 벗어난 느낌이 들어야 정확한 위치이다.]

[B 지점]

[D 지점]

4. 중간 A 지점의 11m 고도를 쉽게 찾는 방법은 손 또는 팬을 이용한다.
: B 위치에서 A 위치를 지나 D 위치 중간지점을 약 11m(노란색 화살표)로 정하고 수직으로 세워서 11m 상공을 눈으로 익혀두어 삼각비행에 참고한다.

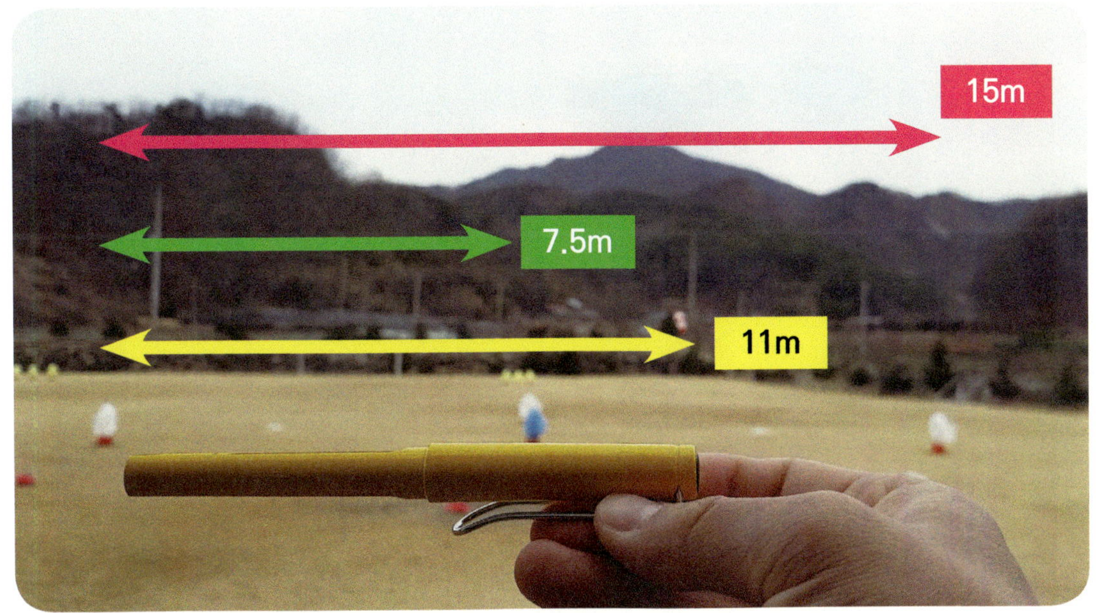

2. 상승 스로틀과 우측 Roll을 동시에 조작하여 A 지점의 11m 고도까지 우로 상승 한다.

핵심 Tip

1. 우로 상승 시 스로틀을 먼저, 그다음 우측 Roll을 조작한다. 스로틀과 Roll 조작양은 약 (스로틀 : Roll) = (2 : 1) 비율로 조작한다.

2. 중간 A 지점 도착 1m 전, (스로틀 : Roll) = (1 : 0.5) 비율로 Pitch 조작을 서서히 줄여서 정확하게 중심에 정지한다.

[대표적인 삼각비행 오류 4유형]

3. 하강 스로틀과 우측 Roll을 조작하여 D 지점으로 우로 하강 한다.

1. 우로 하강 시 우측 Roll을 먼저, 그다음 하강 스로틀을 조작한다. 스로틀과 Roll 조작양은 약 (스로틀 : Roll) = (2 : 1) 비율로 조작한다.
2. 기체의 궤도가 이등변 삼각형이 되도록 한다.

Q. 삼각비행 시 완벽한 직선 이등변 삼각형을 만드는 방법은?

A. 가장 중요한 것은 시선 처리다. [판단→조종기 조작→기체이동→시선 따라감]의 순서가 아닌 [판단→시선(현 위치와 목적지의 거리, 고도, 주의사항) 파악→조종기 조작→기체이동] 순서가 되도록 조작한다. 시선이 미리 움직이는 것은 모든 비행에서 매우 중요하다.

Q. "우로 상승" 조작 시 목표 고도를 쉽게 찾는 방법은?

A. 현재 비행고도에서 7.5m를 더한 약 11m 고도까지 상승한다. 이때, 비행장 라바콘의 간격이 7.5m인 점을 참고하여 11m 고도를 쉽게 찾는다.

4 원주비행

① 최초 이륙지점으로 이동하여 기수를 좌(우)로 90도 돌려 5초간 호버링 후 반경 7.5m(A 지점 기준)로 원주비행(B → C → D → 이륙지점 또는 D → C → B → 이륙지점 순서로 진행되며 각 지점을 반드시 통과해야 함)

② 이륙 장소에 도착하여 5초간 호버링 후 기수 방향을 전방으로 돌려 호버링

① 고도 변화 없을 것(상하 0.5m까지 인정)

② 경로 이탈 없을 것(무인멀티콥터 중심축 기준 1m까지 인정)

③ 속도를 일정하게 유지할 것

　(지나치게 빠르거나 느린 속도, 기동 중 정지 등이 없을 것)

④ 기수 방향유지(이륙지점 호버링 방향을 기준으로 B, D 지점 90°, C 지점 180°)

⑤ 기동 중 과도한 롤 조작이 없을 것

⑥ 조종석으로부터 기체까지의 안전거리(15m)를 유지할 것

⑦ 기수를 정자세로 정렬할 때 착륙장을 이탈하지 않을 것

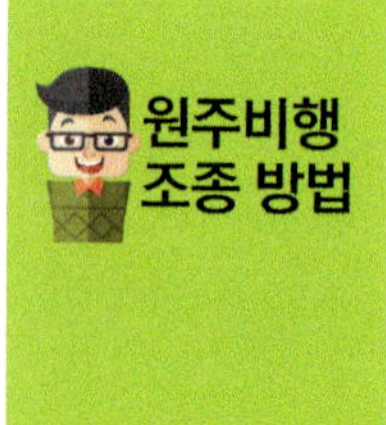

1 착륙장 위치에서 좌 Yaw를 조작하여 좌측면 자세로 준비한다.

2 전방 Pitch와 우측 Yaw를 일정하게 조작하여 B~C~D 지점을 돌아 착륙장으로 돌아온다.

3 착륙장에서 우 Yaw를 조작하여 기수를 정자세로 정렬한다.

※ 원주비행의 기본원리

콤파스의 중심을 A 위치에 두고 출발지점에서 B-C-D-도착지까지 일정한 요우의 양과 일정한 전방 피치의 양을 적용시키면 정확한 원주비행이 된다. 그러나 사람의 손으로 조작하므로 그 양을 항상 일정하게 유지할 수 없으므로 변화하는 상황에 따라 가, 감된 조종 조작을 하여야 한다. 이것이 원주비행의 기술이다.

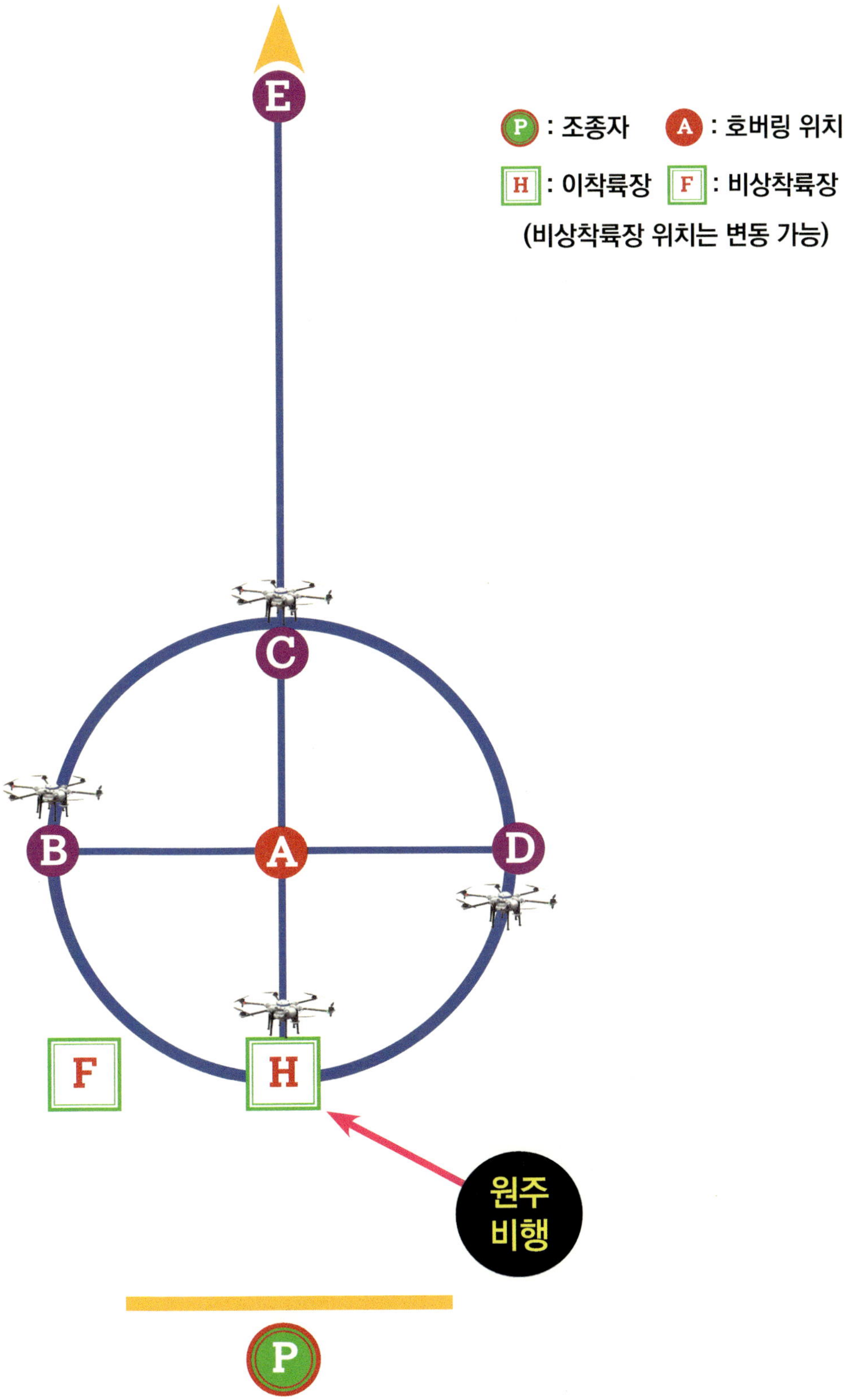

P : 조종자
A : 호버링 위치
H : 이착륙장
F : 비상착륙장
(비상착륙장 위치는 변동 가능)
E
C
B
A
D
F
H
원주
비행
P

 **세부 조종방법**

원주비행의 방향을 시계방향 기준으로 작성하였다. (반시계방향을 기준으로 할 시는 반대로 적용한다)

1. 착륙장 위치에서 좌 Yaw를 90도 조작하여 좌측면 자세를 만든다.
2. 전방 Pitch와 우 Yaw를 조작하여 B 지점으로 이동한다.

(전방 Pitch : 우 Yaw) = 약 (1.2 : 0.8) 비율로 조작한다.

동영상을 보시면 더 자세히 알아볼 수 있답니다!

동영상을 보시면 더 자세히 알아볼 수 있답니다!

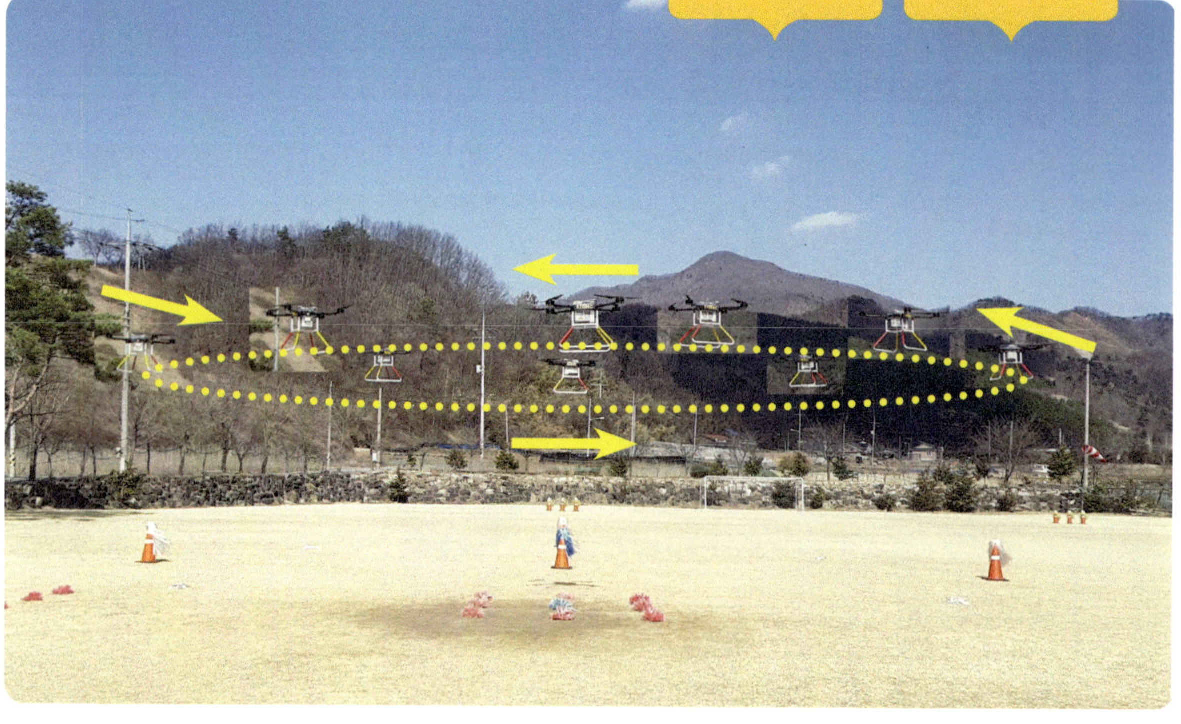

3. 각 지점별 B 지점(정자세), C 지점(우측면), D 지점(대면), 착륙장(좌측면)이 되도록 Yaw 턴을 조작한다.

1. 대부분 원주비행에 많은 부담을 가지고 마지막 단계인 D 지점에서 착륙장으로 들어오는 4구역에 집중하게 된다. 하지만, 원주비행의 핵심은 시작인 착륙장에서 B 지점까지의 1구역이 가장 중요하다. 1구역에 집중하여 전방 Pitch와 우 Yaw 조작을 충분히 반복 숙달하도록 한다. 전방 Pitch를 기준으로 전진속도를 천천히 유지하고 우 Yaw를 조절해서 다음 지점까지 도착한다. 만약 바깥으로 벗어나거나(Yaw를 전보다 더 조작하도록 수정) 중심으로 감겨질 경우(Yaw를 전보다 덜 조작하도록 수정) Yaw를 조절한다.
2. 바람이나 GPS 오차 등 외부요인에 의해 기체가 벗어나 Yaw 조작으로 원주가 어려울 경우 아주 미세한 양으로 Roll을 조작하여 정해진 원 상공으로 비행시킨다.
3. 원주비행의 이해를 위해 비행장의 비행궤도를 조종자가 직접 걸어보는 것을 추천한다. "내가 기체에 타고 있다"라고 생각하고 반지름 7.5m 원을 팔을 뻗어 그려본다.
5. 조작 시 좌우 붐대가 항상 중심점을 지시하도록 하고, 전진방향으로 밀어 적정한 속도가 되면 그 다음부터는 요우로 기수 방향을 조절한다. 그 후 한 바퀴 전체를 생각하지 말고 바로 다음 지점만 보면서 기수 방향을 맞춰 조종하는 방법도 좋은 방법이다.

4. 착륙장에 다시 돌아오는 과정에서 기체가 안전거리(15m)를 침범하지 않도록 주의한다.

1. 착륙장 도착 1m 전부터 전방 Pitch 속도를 천천히 줄여준다.
2. 훈련 시 착륙장의 상단에 기체가 도착하도록 연습한다.

5. 착륙장에서 좌측면 자세로 도착 후 우측 Yaw를 조작하여 정자세로 정렬한다.

Yaw 턴을 조작하면서 기준 고도와 착륙장에서 벗어나지 않도록 스로틀, Pitch, Roll을 동시에 조작한다. (원주비행은 스로틀, Pitch, Roll을 조화롭게 동시 조작을 해야 한다. 즉 3가지의 키를 동시에 조작한다고 하여 "3타 일치된 조작"이라고 할 수 있다)

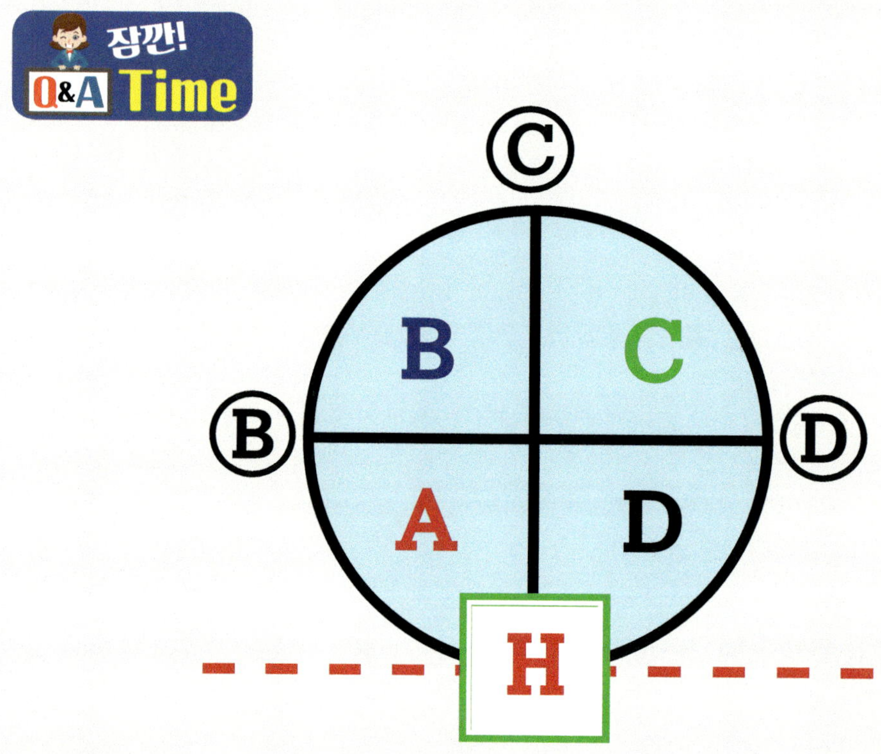

착륙장에서 Ⓑ위치까지 A 구역에서 기체가 바깥쪽으로 벗어날 경우?

전진 피치(Pitch) 속도가 빠르거나, Yaw 턴 속도가 느린 경우 바깥쪽으로 슬립 되는 현상이 발생한다. 이때는 전진 피치(Pitch) 스틱에 집중하여 최대한 천천히 일정하게 조작하도록 노력한 상태에서 Yaw 턴을 부드럽고 일정하게 조작하여 Ⓑ 지점까지 유지한다.
(Pitch와 Yaw 중에서 한 가지 조작은 속도가 일정하도록 유지하는 것이 매우 중요하다)

Q. ⓑ 위치 통과 후 ⓒ 위치에 도착하지 못하고 ⓓ 위치로 직진하는 '반원 형태' 원주비행이 반복될 경우?

A. 시선 처리가 핵심이다. ⓑ 위치 도착 1m 전에 시선은 ⓒ 위치를 빠르게 확인한다. 확인 후 ⓒ위치에서 기체가 우측면 자세 90도가 완벽할 수 있도록 Yaw조작을 부드럽고 일정하게 한다.

Q. D 구역에서 안전선(빨강 점선) 침범이 반복될 경우?

A. ⓓ 위치 통과 후 착륙장을 확인하고 "착륙장 앞부분에 도착한다."는 느낌으로 우측 롤(Roll)을 살짝(1m 이내) 조작한다. 훈련 비행 시 여러 번 반복 숙달을 통해 기체의 움직임을 느끼고 적절한 값을 기억한다.

Q. 마무리 단계인 착륙장 도착 후 기체가 많이 벗어날 경우?

A. 원주비행을 잘 마치고 마무리 단계에서 긴장이 풀어져 착륙장을 많이 이탈하는 경우가 자주 발생한다. 기체가 종료 약 2m 앞둔 지점에서 원주비행 마무리 절차를 반드시 기억하도록 한다. 마무리 절차는 첫째, 전진 피치(Pitch) 조작 양 줄이기, 둘째, 착륙장에서 좌측면 자세 90° 만들기, 셋째, 좌측면 자세 정지 비행 시 정확한 방향 판단하기, 넷째, 방향 조작이 필요하다면 매우 작은 양으로 조작하기. 이 4가지 절차를 반드시 기억하여 조작한다.

5 비상조작

1 착륙장 위치에서 전방 스로틀을 조작하여 "2m 고도상승"한다.

2 고도가 기준 고도 3.5m에서 5.5m가 되면 스로틀을 조작하여 고도를 유지한다.

3 5.5m 고도가 유지된 직후 비상착륙장으로 "비상"하면서 좌(우) Roll 조작과 스로틀을 하강을 조작한다.

4 지면으로부터 1m 고도에서 스로틀을 받쳐주어 하강 속도를 잠시 줄여준다.

5 지체하지 않고 확보된 비상착륙장에 착륙한다.

6 시동이 완전히 꺼질 때까지 스로틀 0%를 유지한다.

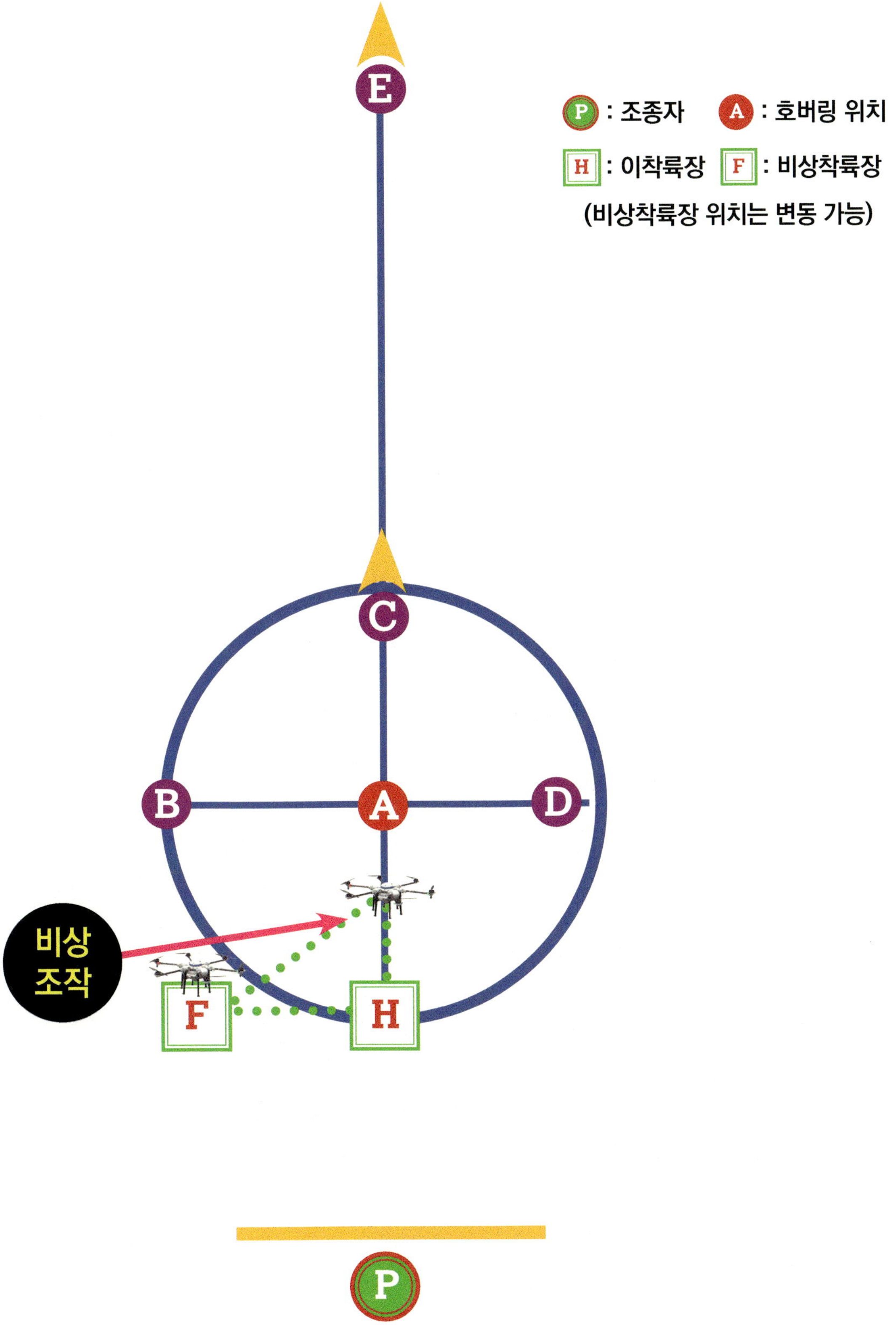

E
P : 조종자
A : 호버링 위치
H : 이착륙장
F : 비상착륙장
(비상착륙장 위치는 변동 가능)
C
B
A
D
비상
조작
F
H
P

 **세부 조종방법**

좌측 비상착륙장으로 착륙하는 방법을 작성하였다. (우측 비상착륙장으로 착륙 시는 반대로 적용한다)

1. 착륙장 위치에서 상승 스로틀을 힘 있게 조작하여 빠른 속도로 "2m 고도상승" 한다.

비상착륙장으로 착륙 시 이탈을 최소화하기 위해 착륙장의 중심에서 고도상승이
되도록 중심을 유지한다.

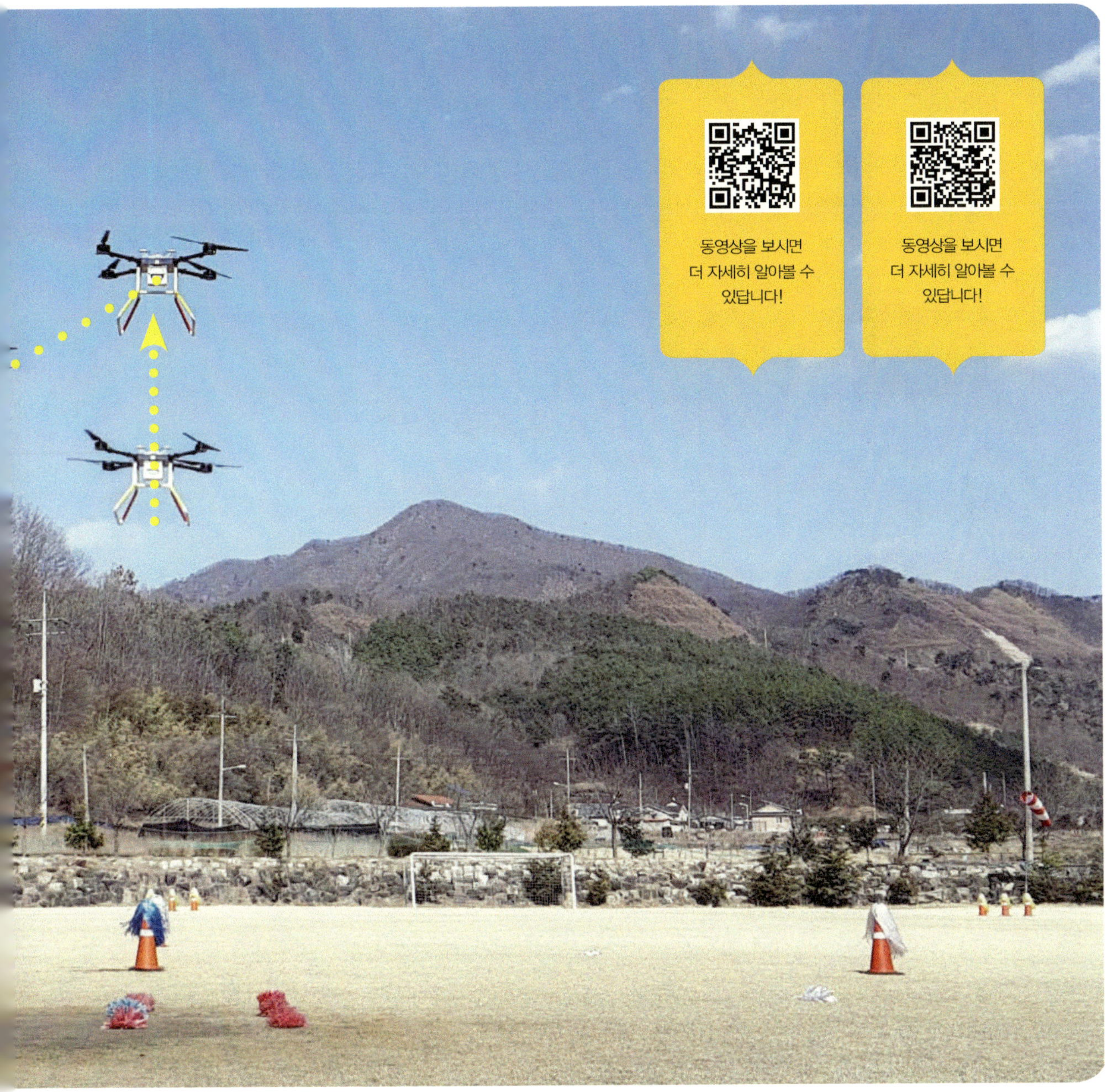

2. 고도가 기준 고도 3.5m에서 5.5m가 되면 스로틀을 조작하여 고도를 유지한다.

고도유지와 동시에 비상착륙장을 빠르게 확인한다.

3. 5.5m 고도가 유지된 직후 실기위원의 "비상" 구호에 따라 비상착륙장으로 "비상"
   이라고 복창하면서 좌 Roll과 하강 스로틀을 조작한다. 이때, 좌 Roll을 먼저 조작하
   되 천천히 일정하도록 유지하고, 하강 스로틀은 과감하게 조작하여 일반 기동보다
   1.5배 속도로 하강한다.

4. 비상착륙장의 약 1m 고도에서 상승 스로틀을 받쳐주어 하강 속도를 잠시 줄여주었
   다가 수직 하강하여 착륙한다. (만약 위치를 이탈하였다면 신속히 이동하여 수직 하
   강한다)

1. 기체가 비상착륙장을 벗어나지 않도록 비상착륙장의 중심위치로 약 1m 고
   도에서 Pitch와 Roll을 조작한다.
2. 1m 고도에서는 스로틀을 계속 사용하는 것이 아니다. 잠시 하강 속도를 줄여
   주어 스키드가 비상착륙장 안에 모두 들어가도록 착륙한다.

5. 착륙 후 로터가 모두 정지할 때까지 스로틀 0%를 유지한다. (즉 시동이 정지되어야
   한다)

Q. "2m 고도상승" 후 "비상" 착륙조작 시 기체가 비상착륙장에서 앞/뒤로 많이 벗어날 경우?

A. "비상" 착륙조작 후 기체가 비상착륙장에서 많이 벗어난다면 우선 "2m 고도상승" 시 기체 위치가 착륙장에서 정확하지 않은 경우에 발생한다. 앞 전단계인 원주비행을 마치고 비상조작으로 넘어가기 전에 기체가 착륙장 중심에 정확하게 있는지 반드시 확인한다.

Q. 기체가 "비상" 착륙조작 중 마무리 브레이크를 잡는 적절한 시기는?

A. 좌로 급 하강하여 비상착륙장 도착 시, 기체의 고도가 비상착륙장 지면으로부터 1m 이내의 고도에서 브레이크를 실시한다. 브레이크란 스로틀을 과감하게 받쳐주어 기체의 하강 속도를 감속시킨 후 착륙장 (2m x 2m) 안에 착륙한다. 이때 주의할 점은 브레이크 조작 시 스로틀 받치기 과 조작으로 기체 고도가 올라가거나 오랫동안 1m 고도를 유지(호버링)하지 않도록 주의한다.

Q. 브레이크 조작 중에 기체가 비상착륙장에서 많이 벗어났을 경우?

A. 멀티콥터의 이/착륙조작의 원칙은 수직 이/착륙이다. 하지만, 정해진 비상착륙장에서 벗어났을 때 브레이크 조작 후 1m 고도에서 하강하며 지면으로부터 50cm 전까지는 최대한 비상착륙장(2m x 2m) 안에 들어갈 수 있도록 피치(Pitch)와 롤(Roll)을 부드럽게 조작한다.

1 정상 접근 및 착륙(자세 모드)

● **평가 기준 :**
① 비상 착륙장에서 이륙하여 기준 고도로 상승 후 5초간 호버링
② 최초 이륙 지점까지 수평 비행 후 착륙 링

● **주요 감점기준 :**
① 기수 방향 유지하고, 수평 비행 시 고도변화 없을 것(상하 0.5m까지 인정)
② 경로 이탈이 없을 것(무인멀티콥터 중심축 기준 1m까지 인정)
③ 속도를 일정하게 유지할 것(지나치게 빠르거나 느린 속도, 기동 중 정지 등이 없을 것)
④ 착륙 직전 위치 수정 1회 이내 가능
⑤ 무인멀티콥터 중심축을 기준으로 착륙장의 이탈이 없을 것
⑥ 조종석으로부터 기체까지의 안전거리(15m)를 유지할 것
⑦ 접근과 착륙 동안 유연하고 시기적절한 올바른 조종간을 사용할 것

정상 접근 및 착륙(자세모드)조종방법

1 비행모드를 GPS에서 자세(Atti) 모드로 토글스위치를 조작하여 변경한다.

2 CSC를 조작하여 시동 후 기준 고도까지 이륙한다.

3 착륙장 위치로 우(좌)측 Roll을 조작하여 이동한다.

4 착륙장 상공에서 정지 후 하강 스로틀을 조작하여 착륙한다.

5 시동이 완전히 꺼질 때까지 스로틀 0%를 유지한다.

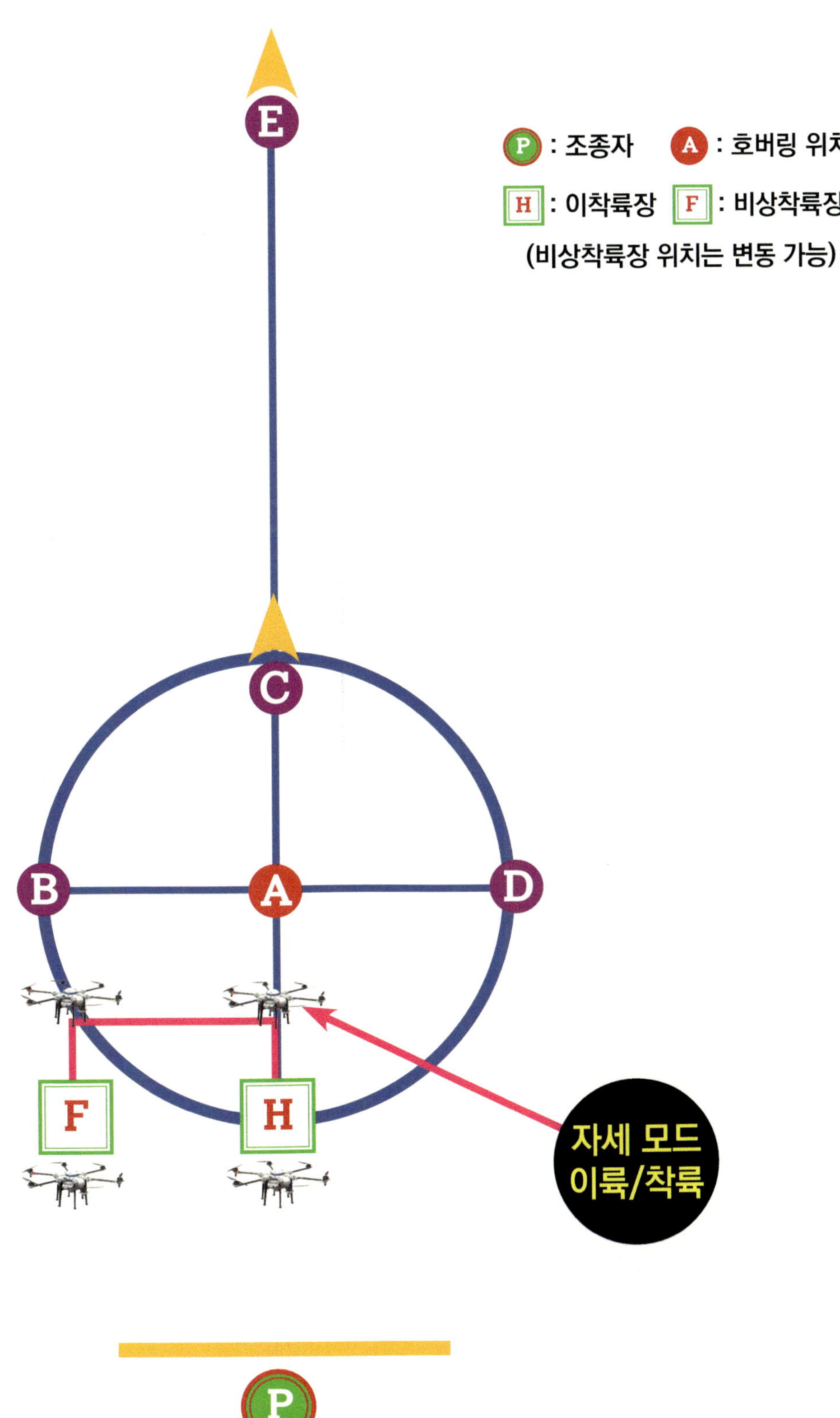
E
C
B A D
F H
P : 조종자　A : 호버링 위치
H : 이착륙장　F : 비상착륙장
(비상착륙장 위치는 변동 가능)
자세 모드
이륙/착륙
P

 **세부 조종방법**

1. 비행모드를 GPS에서 자세(Atti)모드로 토글스위치를 조작하여 변경한다.

FC의 제조사마다 GPS 모드와 자세(Atti) 모드의 LED 색상, 점등횟수가 다르다.
본인이 운용하는 FC의 LED를 파악하여 비행모드 변경을 확인한다.

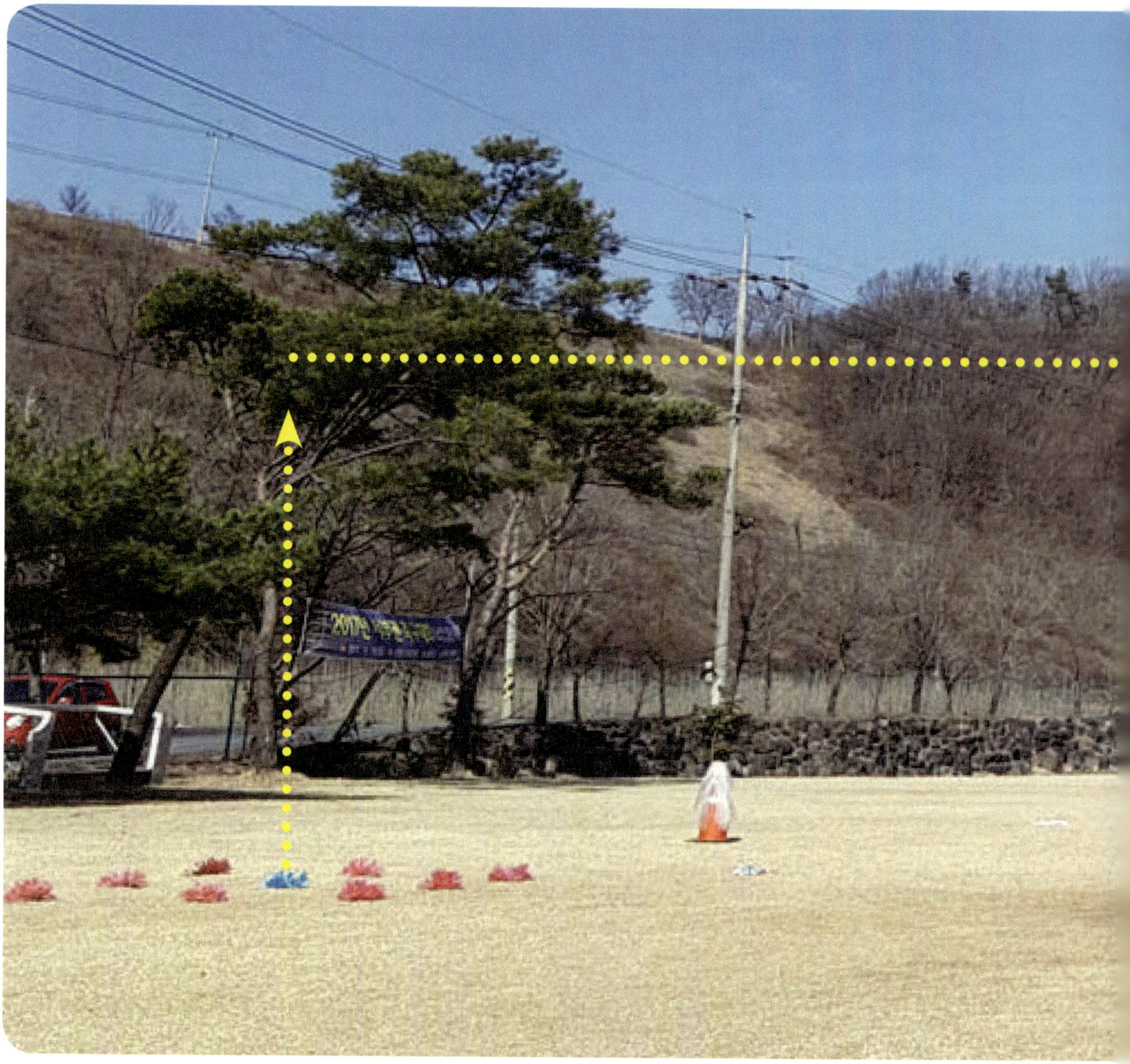

2. CSC를 조작하여 시동 후 기준 고도까지 이륙한다.

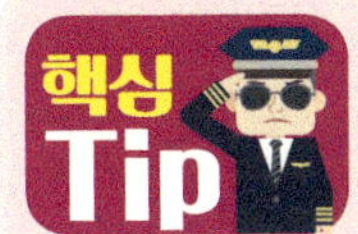

핵심 Tip 자세(Atti) 모드에서 이륙 시 착륙장의 지면이 고르지 못하거나 바람에 의해 사선으로 이륙하며 착륙장을 이탈할 수 있다. 수직으로 이륙하도록 Pitch와 Roll을 조작하며 일정한 속도로 이륙하여 기준 고도 3.5m에서 정지한다.

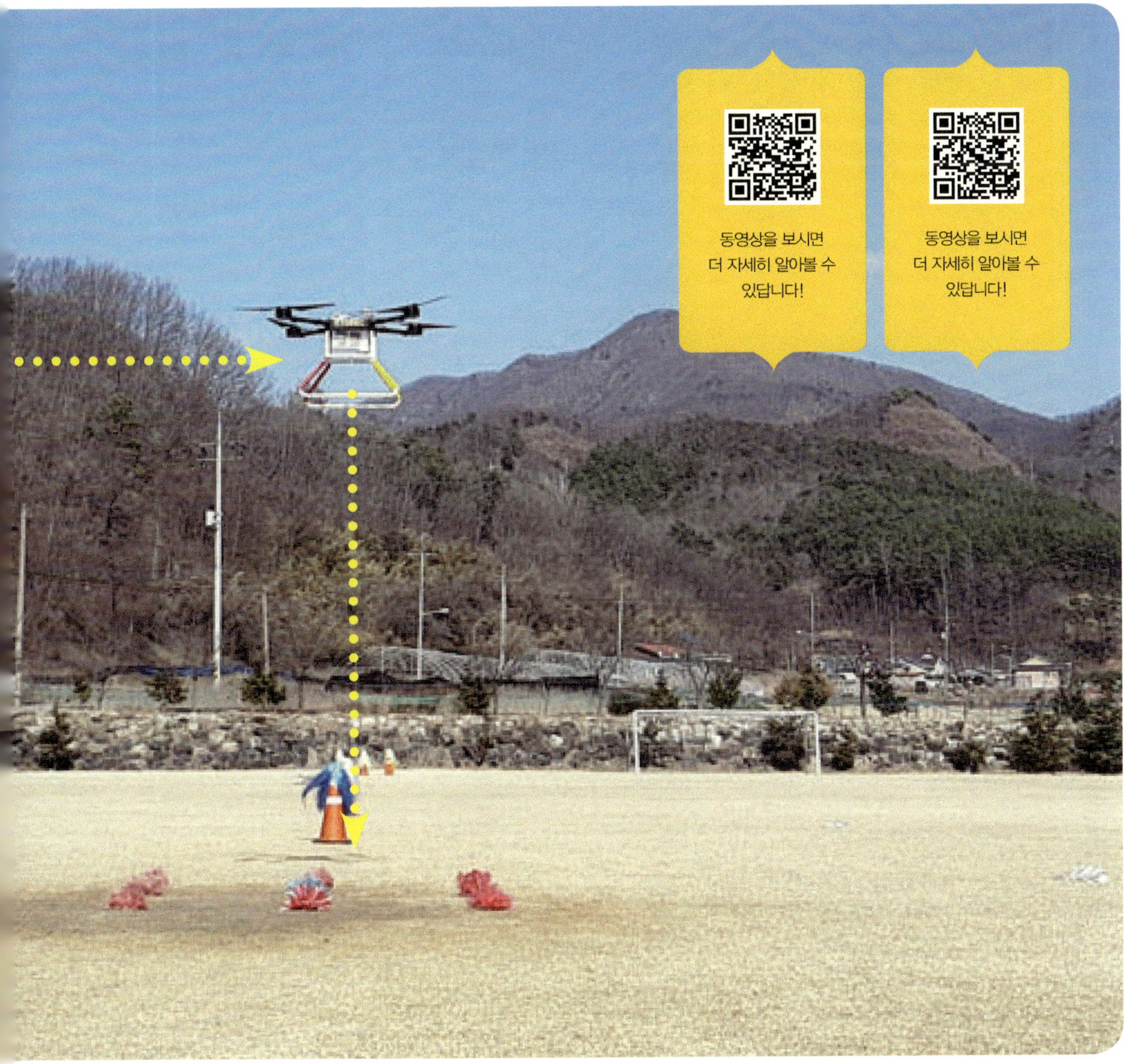

3. 착륙장 위치로 우측 Roll을 조작하여 이동한다.

1. 착륙장 위치로 접근 시 기체가 안전거리(15m)를 침범하지 않도록 주의한다.
2. 기체가 착륙장 1m 전에 접근하면 반대 방향인 좌 Roll을 조작하여 우로 이동 속도를 서서히 줄여준다.

4. 착륙장 상공에서 정지 후 하강 스로틀을 조작하여 착륙한다.

하강 속도를 천천히 조작하여 기체가 착륙장에서 벗어나지 않도록, 사선 착륙을 하지 않도록 Pitch와 Roll을 조작한다. 자세(Atti) 모드 비행이 미숙할 경우 시뮬레이션 호버링 연습을 충분히 한다.

시뮬레이션은 일정 구역을 설정하고 기체 또는 그림자가 일정 구역을 벗어나지 않도록 호버링하는 조작을 연습한다. 정자세, 좌측면, 우측면, 대면 자세를 번갈아 가며 반복 숙달한다.

Q. 자세 모드 "착륙장 위치로" 이동 중 기체가 안전선을 침범할 경우?

A. 훈련 비행 시 기체의 이동 선이 착륙장 앞 선에서 이동하도록 반복 숙달한다.

Q. 자세 모드 "착륙" 조작에서 착륙장 안에 착륙이 어려울 경우?

A. 착륙장 상공에서 기체의 중심이 착륙장 앞 선에 위치하도록 정지 비행을 실시한다. "착륙" 조작에서 위치를 유지하며 하강하다가 마무리 단계인 지면으로부터 2m 고도에서 후방 피치(Pitch)를 살짝 조작하면 기체가 착륙장 중심을 쉽게 찾을 수 있다.

2 측풍 접근 및 착륙

● 평가 기준 :

① 기준 고도까지 이륙 후 기수 방향 변화 없이 D 지점(B 지점)으로 직선 경로(최단경로)로 이동

② 기수를 바람 방향(D 지점 우측, B 지점 좌측을 가정)으로 90도 돌려 5초간 호버링

③ 기수 방향의 변화 없이 이륙지점까지 직선 경로(최단경로)로 수평 비행하여 5초간 호버링 후 착륙

● 주요 감점기준 :

① 수평비행 시 고도 변화 없을 것 (상하 0.5m까지 인정)

② 경로 이탈이 없을 것(무인멀티콥터 중심축 기준 1m까지 인정)

③ 속도를 일정하게 유지할 것(지나치게 빠르거나 느린 속도, 기동 중 정지 등이 없을 것)

④ 착륙 직전 위치 수정 1회 이내 가능

⑤ 무인멀티콥터 중심축을 기준으로 착륙장의 이탈이 없을 것

⑥ 조종석으로부터 기체까지의 안전거리(15m)를 유지할 것

⑦ 접근과 착륙 동안 유연하고 시기적절한 올바른 조종간을 사용할 것

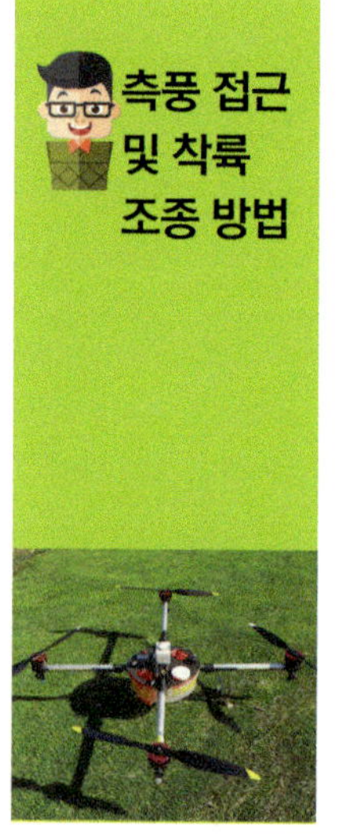

1 GPS 모드로 비행모드 전환 후 이륙하여 기준 고도 3.5m에서 정지한다.

2 착륙장에서 D 위치로로 전방 Pitch와 우측 Roll을 조작하여 대각방향으로 "측풍접근 위치로" 이동한다.

3 D 위치로 도착 후 우측 Yaw를 90도 조작하여 기체를 우측면 자세로 만든다.

4 D 위치로에서(우측면 자세) 착륙장위치로 "측풍접근"을 후방 Pitch와 우측 Roll을 조작하여 실시한다.

5 착륙장 도착 후 스로틀을 줄여주어 안정적인 속도로 착륙장 안에 착륙한다.

6 시동이 완전히 꺼질 때까지 스로틀 0%를 유지한다,

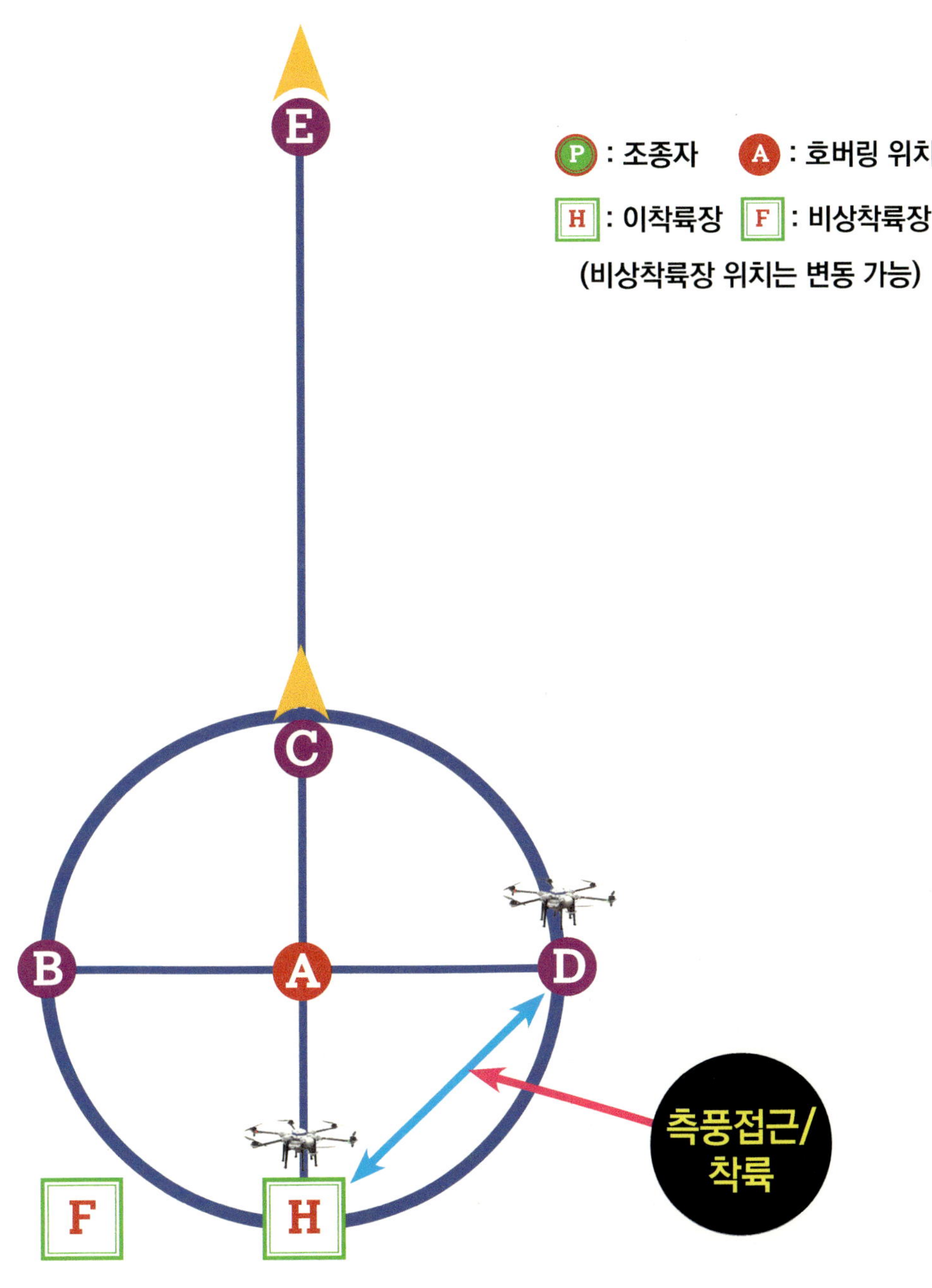

E
C
B
A
D
F
H
P
P : 조종자
A : 호버링 위치
H : 이착륙장
F : 비상착륙장
(비상착륙장 위치는 변동 가능)
측풍접근/착륙

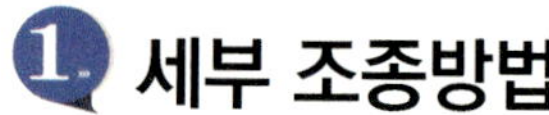

세부 조종방법

1. GPS 모드로 비행모드 전환 후 이륙하여 기준 고도 3.5m에서 정지한다.

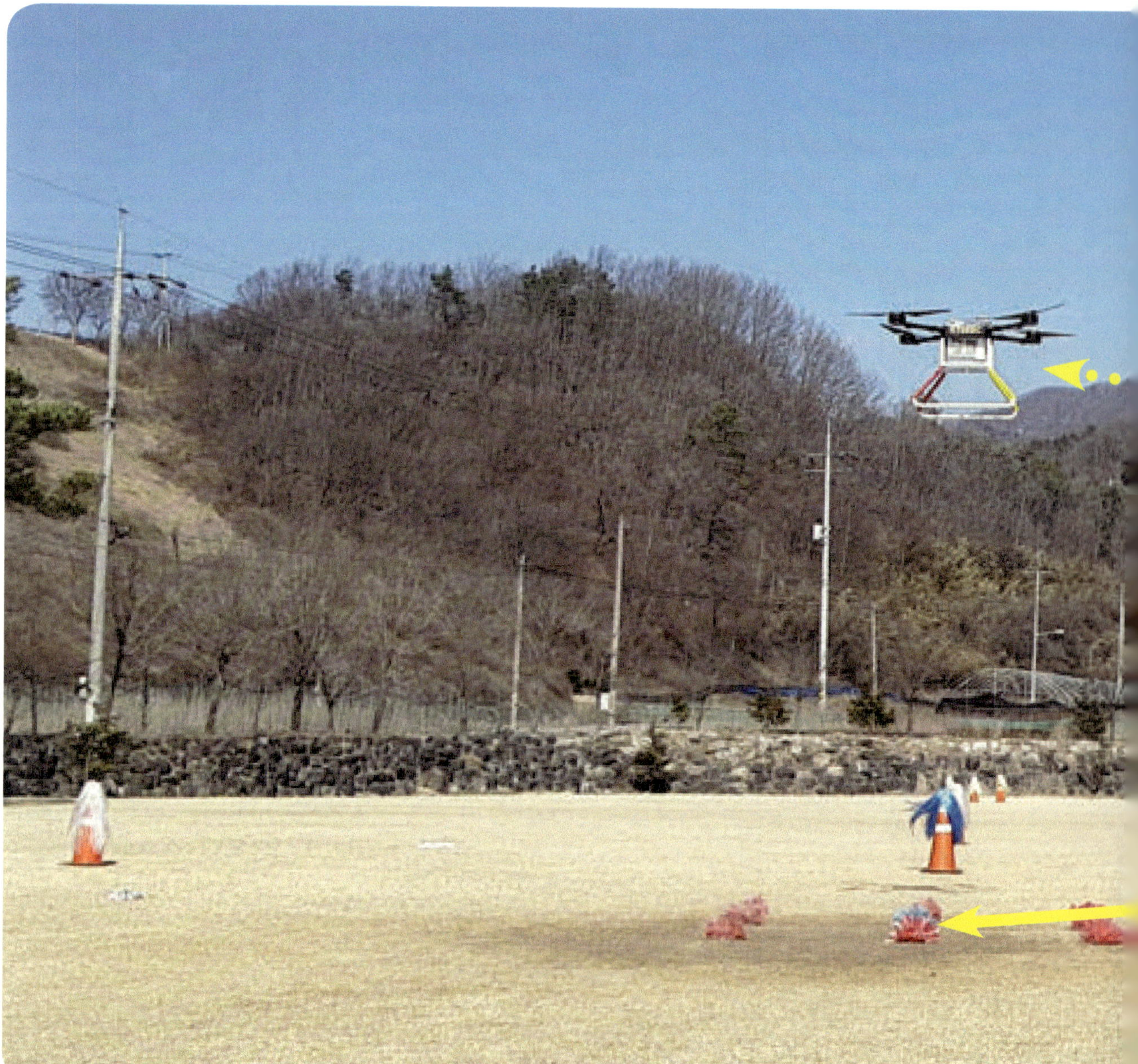

2. 착륙장에서 D 위치로 전방 Pitch와 우측 Roll을 조작하여 대각방향으로 "측풍접근 위치로" 이동한다.

D 위치로 접근 시 직선이 되도록 조작한다.

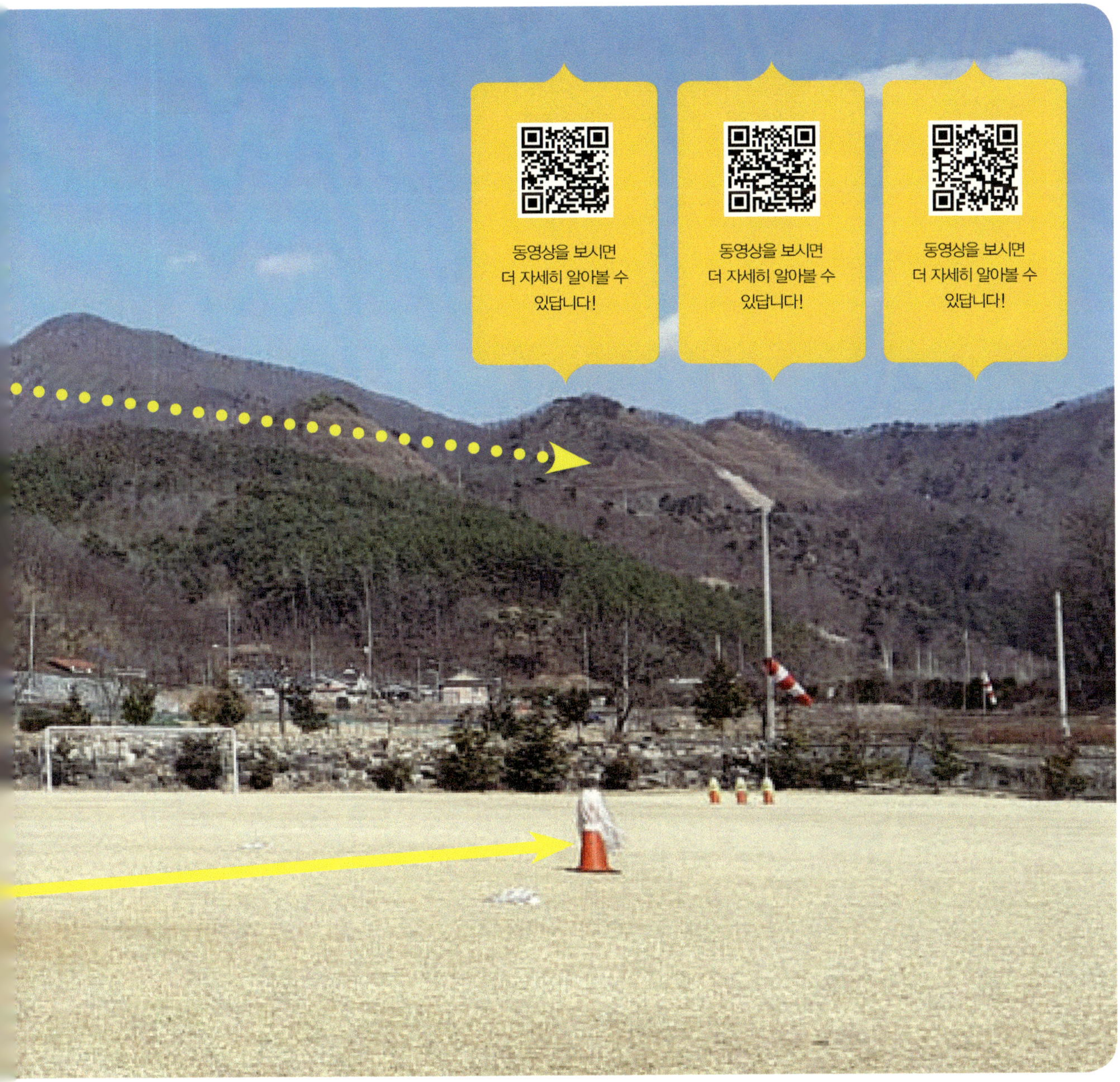

3. D 위치로 도착 후 우측 Yaw를 90도 조작하여 기체를 우측면 자세로 만든다.

4. D 위치로에서(우측면 자세) 착륙장위치로 "측풍접근"을 후방 Pitch와 우측 Roll을 조작하여 실시한다.

1. 착륙장 위치로 접근 시 직선이 되도록 조작하며, 기체가 안전거리(15m)를 침범하지 않도록 주의한다.
2. 착륙장 도착 1m 전 후방 Pitch 조작을 줄여주고 Yaw를 미세하게 조작하여 완벽한 우측면 자세가 되도록 조작한다.
3. 하강 속도를 천천히 조작하여 기체가 착륙장에서 벗어나지 않도록, 사선 착륙을 하지 않도록 Pitch와 Roll을 조작한다.

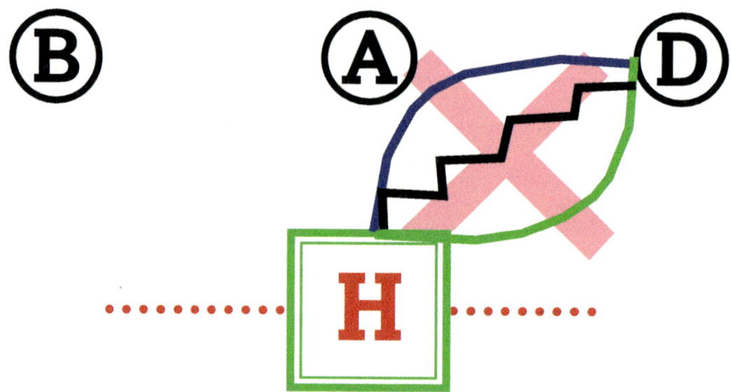

[측풍접근 시 기체의 이동이 계단 모양의 지그재그 형태, 곡선 형태가 되지 않도록 주의한다.]

Q. ⓓ 위치에서 우측면 호버링 시 기체의 완벽한 우측면(90도) 조작이 어려울 경우?

A. "측풍접근 위치로" 후 기체의 정자세 스키드, 붐대, 메인프레임의 각도를 참고한다. 그 후 우측 Yaw를 조작하여 참고했던 기체의 각도로 최대한 맞춰준다. "측풍접근"을 실시하며 착륙장으로 진입 중에 기체의 우측면 90도가 맞지 않을 경우 Yaw를 천천히, 눈에 보이지 않을 정도로 부드럽게 조작하여 정확한 우측면 90도 자세를 만들어 준다.

Q. "측풍접근" 시 안전선(빨강 점선) 침범이 반복될 경우?

A. 착륙장 도착 2m 전부터 "착륙장 앞부분에 도착한다."는 느낌으로 우측 롤(Roll) 조작 량을 줄여준다. 훈련비행 시 여러 번 반복 숙달을 통해 기체의 움직임을 느끼고 적절한 량을 기억한다.

Q. "측풍접근" 마무리 단계에서 기체가 착륙장을 이탈할 경우?

A. 측풍접근을 잘 하고 마무리 단계에서 집중력이 흐려지고, 긴장이 풀어져 착륙장을 많이 이탈하는 경우가 자주 발생한다. "측풍접근" 종료를 2m 앞둔 위치에서 원주비행 마무리 절차를 반드시 기억하도록 한다. 마무리 절차는 첫째, 후방 피치(Pitch) 조작 양 줄이기, 둘째, 착륙장에서 우측면 자세 90도 만들기, 셋째, 우측면 자세 정지 비행 시 정확한 방향 판단하기, 넷째, 방향 조작이 필요하다면 매우 작은 양으로 조작하기. 이 4가지 절차를 반드시 기억하여 조작한다.

1 비행 후 점검

1 비행 후 점검 시 호창사항

순서	구 호	내 용
①	비행 후 점검 위치로	조종기와 배터리케이스를 들고 비행장 **입장**
②	메인배터리 분리	기체에 연결된 메인 배터리 **분리**
③	FC 배터리 분리	기체에 연결된 FC 배터리 **분리**
④	체커 분리	배터리에 연결된 체커 **분리**
⑤	조종기 OFF	조종기 전원 OFF
⑥	비행 후 점검	로터,모터,붐,스키드, 메인프레임, FC Box의 이상유무 **확인**. **"이상무"**
⑦	메인배터리탈착	기체에 장착된 배터리를 제거하여 배터리 하드 케이스에 넣기
⑧	조종사 퇴장	조종기와 배터리들고 비행장 밖으로 퇴장
⑨	비행기록	비행기록 일지에 날짜,시간,위치,목적,조종자,서명,교관서명 기록

2 비행 기록

① 비행기록부 작성 방법

[양식]

초경량 비행장치 비행 기록부

기종 :　　　　　　　　　　　　　　　　　　　　　　　　　　신고번호 :

월/일	이륙		착륙		비행시간	누적 비행시간	비행목적	특이사항	조종자	확인	확인관
	시각	장소	시각	장소							
/	:		:								
/	:		:								
/	:		:								
/	:		:								
/	:		:								
/	:		:								

[작성예시]

초경량 비행장치 비행 기록부

① 기종 : Z Lion-10　　　　　　　　　　　　　　　　② 신고번호 : S7522L

③ 월/일	④ 이륙		⑤ 착륙		⑥ 비행시간	⑦ 누적 비행시간	⑧ 비행목적	⑨ 특이사항	⑩ 조종자	⑪ 확인	⑫ 확인관
	시각	장소	시각	장소							
2/9	09:00	신원리	09:25	신원리	0.4	132.4	교육비행	(삼각비행)	홍길동	서명	교관
/	:		:								

1. 기종 : 초경량비행장치 신고증명서의 형식명을 기록한다.

2. 신고번호 : 초경량비행장치 신고증명서의 신고번호를 기록한다.

3. 월/일 : 비행을 실시한 월/일을 기록한다.

4. 이륙시각, 장소 : 비행을 시작한 시간 및 장소를 기록한다.

비행시작 시간은 기체에 전원을 인가한 순간의 시간을 의미한다. 비행장소는 비행이 허가된 공역인지 반드시 확인 후 비행을 실시한다.

5. 착륙시각, 장소 : 비행을 종료한 시간 및 장소를 기록한다.

비행종료 시간은 기체에 전원을 분리한 순간의 시간을 의미한다. 비행장소는 비행이 허가된 공역인지 반드시 확인 후 비행을 실시한다.

6. 비행시간 : 비행한 시간을 계산하여 기록한다.

다음표를 참고하여 기록한다.

분(min)	시간(hr)	기 록
10	0.17	0.1
11	0.18	0.1
12	0.20	0.2
13	0.22	0.2
14	0.23	0.2
15	0.25	0.2
16	0.27	0.2
17	0.28	0.2
18	0.30	0.3
19	0.32	0.3
20	0.33	0.3
21	0.35	0.3
22	0.37	0.3
23	0.38	0.3
24	0.40	0.4
25	0.42	0.4
26	0.43	0.4
27	0.45	0.4
28	0.47	0.4
29	0.48	0.4
30	0.50	0.5

7. 누적 비행시간 : 기체 출고 후 또는 정비 후 누적된 총 비행시간을 의미한다. 현재 비행한 시간을 더 하여 기록한다.

기체 자체에 아워미터(Hourmeter)가 장착된 경우 장치가 표시한 시간을 기록한다.

8. 비행목적 : 비행의 목적에 대해 구체적으로 기록한다.

교육, 방제, 촬영, 탐색, 측량, 배송, 연구 등 다양한 비행목적이 있다.

9. 특이사항 : 비행에 대한 세부사항 또는 특이점에 대해 자세히 기록한다.

10. 조종사 : 비행을 실시한 조종사 성명을 기록한다.

11. 확인 : 비행을 실시한 조종사의 서명을 기록한다.

12. 확인관 : 해당 비행의 확인/감독 담당자의 서명을 기록한다.

교육비행의 경우 교관 조종사의 서명을 기록한다.

1 계획성

계획성이란 "모든 일을 계획을 짜서 처리하려고 하는 것"이라고 한다. 멀티콥터 조종교육에 있어 계획성이란 "비행 준비단계로부터 비행종료 후 단계까지 무엇을 어떻게 행동화할 것인가? 를 구상하는 것이다. 아울러 조종단계에서도 다음 단계의 조종은 무엇이며, 어떻게 조종하는 것인가? 를 구상하는 것이다. 계획과 연계된 것은 실행이다. 따라서 계획한 것을 잘 실행하는 것도 중요하지만 어떻게 계획하는가? 하는 것은 앞선 단계에서 더 중요하다 할 수 있다. 미리 계획을 하여 사전 철저한 준비로 완벽한 비행이 되도록 하는 것이다. 비행하려는 지역의 주변 환경 상황과 장애물, 기상 상황, 조종자의 건강상태, 기체의 특성 등 제반 환경적인 요소도 사전 계획단계에서 확인하여 안전한 비행이 되도록 하여야 한다.

따라서 평가 시 계획성은 "비행을 위해 사전 무엇을 어떻게 준비하고 이를 바탕으로 실시간 적용할 줄 아는가? 그리고 비행 간 외부환경에 의한 돌발 상황 발생 시 사전 계획된 조치를 취할 줄 아는가? 를 평가하는 것이다. 따라서 계획성 있는 비행은 늘 여유롭고 신속하게 잘 대처하여 안전비행으로 연결되는 것이라 할 수 있다.

방제 즉 살포 비행 시의 계획성에 대한 사례를 알아보자. 살포작업을 원활하고 안전하게 실시하기 위해서는 작업 시작 전에 현장의 지형이나 작업구역을 충분히 확인하고, 계획면적, 살포 제외지역, 장해물의 위치 등을 정확하게 파악할 필요가 있다. 이를 위해 현장의 상태를 잘 알 수 있는 축척지도를 준비해야 한다. 작업지도는 작업의 정밀도나 효율, 살포비행의 안전에 직접 연관되므로 작업 전에 도상으로 작업구역 및 장애물, 진/출입로 등을 확인 표시하고, 이전에 사용한 작업지도를 사용하는 경우에는 지형/장애물의 변화 여부를 재확인하는 등을 말할 수 있다.

2 판단력

◆1◆ 주의분배

주의(注意)란 "어떤 것에서만 의식을 집중시키는 것"을 말한다. 주의분배란 "주의를 적절하게 나누는 것"으로서 3차원 공간에 떠 있는 물체의 조종에서 아주 중요한 것이 주의분배이다. 특히 조종자가 일정한 곳에 머물러 있고 기체가 공중에 떠 있는 것을 조종하는 것은 더더욱 중요하다. 항공기들에 직접 탑승하고 조종을 하는 가운데서도 보이는 배경을 바탕으로 주의를 적절하게 분배하여야 조종이 원활하고 쉽다.

멀티콥터의 조종에서 주의분배를 가장 잘 하는 방법은 먼저 조종자가 바라보는 전체 배경을 커다란 도화지로 간주하고 전체를 본다. 그리고 멀티콥터를 그 도화지 위에 올려놓는다. 라고 생각하면 쉽게 할 수 있다. 흔히 숲을 먼저 보고 그 숲속의 나무 하나를 보듯이 전체 배경을 1~2초 보고, 다시 멀티콥터(하나의 나무)를 1~2초 보면서 조종을 한다. 이것이 바로 적절한 주의 분배이다. 전체만 보면 멀티콥의의 자세를 놓쳐버리고, 멀티콥터만 보면 멀티콥터가 어디로 흘러가는지 위치와 자세를 놓쳐 버리게 된다. 따라서 조종 훈련 시 1~2초 간격으로 주의 분배를 적절하게 하면 아주 효율적인 조종이 된다. 따라서 마음속으로 외쳐가면서 전체배경 – 멀티콥터 – 전체배경 – 멀티콥터 순으로 눈동자를 돌려서 본다.

현재 초경량비행장치 멀티콥터 조종 평가 시 전문교육기관은 훈련한 장소인 자체 훈련장에서 평가하므로 피평가자들은 그 평가장의 배경 그림을 적절하게 이용하여 고도와 위치변화를 적용하여 평가를 받으면 쉽게 평가받을 수 있다. 상시 시험장에서 평가받는 사용사업자(일반교육원)는 각 평가장의 배경을 사진 촬영하여 고도와 주변 상황에 대하여 피 평가자들에게 사전 브리핑을 하여 적절하게 이용하는 방법도 권장한다. 바로 이것이 주변 상황을 적절하게 이용한 주의분배이다.

🥈 초동조치와 반량수정

초동(初動)은 처음의 움직임이다. 시각비행 항공기의 조종이나 멀티콥터 조종은 기체 움직임의 변화를 보고 이에 적절한 조종을 하게 된다. 처음의 움직임에 얼마나 빨리 대처하느냐? 하는 것은 조종의 량을 적고, 크게 하는 기준이 된다. 기체의 움직임을 신속히 파악하여 이에 대한 조종을 빨리하면 적은 량으로 조종이 되고, 기체의 움직임을 파악하지 못해 많은 변화가 일어난 후 파악이 되면 그만큼 많은 량으로 조종을 하여야 한다. 조종자 위치에서 멀티콥터를 바라볼 때 기수가 앞으로 기울어지면 전진, 뒤쪽(조종자 쪽)으로 기울어지면 후진, 좌/우로 기울어지면 좌/우측으로 이동이 된다. 정확한 조종은 움직임의 반대 방향으로 조종하여야 유지가 된다. 따라서 최초 움직임의 변화가 매우 중요하다고 할 수 있다. 초동을 빨리 판단하기 위해서는 앞의 주의분배를 잘 하는 것과도 연결된다. 큰 배경 그림 속에서 기체의 움직임이 어떻게 변화하는가? 를 빨리 판단하여 대응하는 조종을 하여 유지하는 것이 중요하다고 할 수 있다.

반량수정은 초동에 대처하여 그 량을 수정할 때 반대 방향으로 초동으로 느낀 것에 대해 크기가 반(1/2)만큼 수정을 한다는 뜻이다. 조종에서는 매우 중요내용하다. 예를 들어서 량이 5만큼 크기의 초동을 판단하였으면 반대방향 조종으로 2.5만큼 수정 조종하고 다시 변화를 일으켜서 이동 시 그 반대 방향으로 1.25만큼 수정 조종하고 다시 변화를 일으킬 때 0.6 정도의 반대 수정 조종을 하고 그다음은 0.3 정도의 조종으로 수정하여 미세하게 조종간을 유지한다는 뜻이다. 그래서 "조종은 예술이다."라고 하여 지속적인 움직임을 의미한다. "조종사가 가만히 있으면 절대 유지가 되지 않는다"라는 것이다.

3 원근감

원근감이란 "멀고 가까움의 느낌 정도"를 말한다. 멀티콥터는 기체를 공중의 앞에 두고 조종기를 가진 조종자는 그 뒤에서 조종하는 것이 기본적인 조종방법이다. 따라서 처음 조종 시는 그 멀티콥터가 어느 정도 위치에 있는지를 파악하기가 쉽지 않다. 라바콘이 있는 곳의 상공에서 조종할 때는 그나마 쉽다. 라바콘의 수술 움직임으로 판단하면 된다. 그러나 바람이 강하게 불 때나 라바콘이 잘 날리지 않을 때는 곤란한 상황이 될 수 있다. 또한, 라바콘이 없는 조종위치 즉 비상상황에서 착륙 시의 착륙장은 매우 어렵다. 즉 정확한 위치에 기체를 착륙시키기가 쉽지 않다는 것이다. 시력이 좋지 않은 경우 특히 노안인 경우에는 더더욱 원근감을 판단하기 어렵다.

원근감을 극복하고 원활한 조종을 위해서는 많은 조종연습경험으로 숙달시키는 것이 가장 좋은 방법이다. 즉 각 지점(포인트)에서 라바콘의 날림 상태(방향)를 확인하고 라바콘이 없는 지역은 최초 출발지점에서부터 접근 시 변화하는 방향, 방법을 정확히 숙달시켜야 한다. 통상 시력이 좋지 않은 교육생은 원근감 극복을 위해 부단한 노력이 필요하다.

영역	항목	기준
지상활주	이륙비행	– 이륙 시 기체 쏠림이 없을 것 – 수직 상승할 것 – 상승속도가 너무 느리거나 빠르지 않고 일정할 것 – 기수 방향을 정확히 유지할 것 – 측풍 시 기체의 자세 및 위치를 유지할 수 있을 것
공중조작 (또는 비행 동작)	공중정지 비행(호버링)	– 고도변화 없을 것(상하 0.5m까지 인정) – 기수 전방, 좌측, 우측 호버링 시 위치 이탈 없을 것(무인 멀티콥터 중심 축 기준 반경 1m까지 인정)
	직진 및 후진 수평비행	– 고도변화가 없을 것(상하 0.5m까지 인정) – 경로 이탈이 없을 것(멀티콥터 중심축 좌, 우 1m까지 인정) – 속도를 일정하게 유지할 것(지나치게 빠르거나 느린 속도, 기동 중 정지 등이 없을 것) – E지점을 초과하지 않을 것(5m까지 인정) – 기수방향이 전방을 유지할 것
	삼각비행	– 경로 및 위치 이탈이 없을 것(중심 축 1m까지 인정) – 속도를 일정하게 유지할 것(지나치게 빠르거나 느린 속도, 기동 중 정지 등이 없을 것)
	원주비행	– 고도변화가 없을 것(상하 0.5m까지 인정) – 경로 이탈이 없을 것(멀티콥터 중심축 좌, 우 1m까지 인정) – 속도를 일정하게 유지할 것(지나치게 빠르거나 느린 속도, 기동 중 정지 등이 없을 것) – 기수방향 유지(이륙지점 호버링 방향을 기준으로 B, D지점 90도, C지점 180도) – 기동 중 과도한 롤 조작이 없을 것
	비상조작	– 하강 시 스로틀을 조작하여 하강을 멈추거나 고도 상승 시(착륙 직전 제외) – 직선 경로(최단 경로)로 이동할 것 – 착륙 전 일시 정지 시 고도는 비상착륙장 기준 1m까지 인정 – 정지 후 신속하게 착륙할 것 – 랜딩기어를 기준으로 비상 착륙장의 이탈이 없을 것

영역	항목	기준
착륙조작 (또는 착륙 동작)	정상접근 및 착륙(자세모드)	– 기수방향 유지 – 수평 비행 시 고도변화 없을 것(상, 하 0.5m까지 인정) – 경로 이탈이 없을 것(중심 축 기준 1m까지 인정) – 속도를 일정하게 유지할 것(지나치게 빠르거나 느린 속도, 기동 중 정지 등이 없을 것) – 착륙 직전 위치 수정 1회 이내 가능 – 무인 멀티콥터 기준으로 착륙장의 이탈이 없을 것
	측풍 접근 및 착륙	– 수평 비행 시 고도 변화 없을 것(상, 하 0.5m까지 인정) – 경로 이탈이 없을 것(중심 축 기준 1m까지 인정) – 속도를 일정하게 유지할 것(지나치게 빠르거나 느린 속도, 기동 중 정지 등이 없을 것) – 착륙 직전 위치 수정 1회 이내 가능 – 무인 멀티콥터 기준으로 착륙장의 이탈이 없을 것

4 조작의 원활성(몸에 힘을 빼고, 손 떨림 방지법)

　멀티콥터 조종 시 몸에 힘이 들어가서 조종이 어려운 경우는 대부분 경직된 경우이다. 실제 조종은 손가락으로 스틱을 움직이지만, 손가락-손-손목-팔-어깨-몸 전체가 하나로 뭉쳐져서 움직이는 경우가 대부분이다. 물론 손가락과 손, 손목 정도 경직된 경우도 있다. 아무튼, 몸이 경직된 경우의 근본적인 원인은 심리적이다. 심리적으로 위축되어 "내가 할 수 있을까? 다른 사람은 잘 하는데 나만 왜 안 될까? 추락시키면 어쩌지? 하는 두려움이 가장 앞선다. 편안하게 해 주는 방법이 가장 좋은 방법이다. 그렇지 않고 나이가 들어서 몸이 굳은 경우도 있을 수 있지만 그런 경우도 심리적인 위축이 동반된 경우라고 볼 수 있다.

　훈련을 해 보면 열 손가락 움직임을 자유롭게 하는 사람들이 조종을 잘하는 편에 속한다. 그런 사람은 대체로 피아노나 컴퓨터 자판을 열 손가락으로 자유자재로 움직이는 사람들이다. 아무래도 나이가 들어서 손가락을 자유자재로 빨리 움직이지 못하는 교육생에 비교해 잘하는 것을 자주 볼 수 있다. 그런데 그러더라도 심리적으로 경직되거나 소심한 경우는 힘이 들어가서 잘 안 되는 경우가 있다.

　우선 몸에 힘을 빼는 방법은 여러 가지가 있을 수 있으나 첫 번째는 마음을 편하게 가져야 한다. 마음을 편하게 갖는 방법은 "내가 잘할 수 있다는 자신감을 가져야 한다." 조종 직전 눈을 감고 조용히 명상에 잠겼다가 조종을 시작하는 것도 좋은 방법이다. 둘째는 몸을 따뜻하게 한다. 즉 조종하기 직전 따뜻한 차를 마신다거나 겨울철에는 몸을 따뜻하게 하여 몸과 마음을 따뜻하게 하는 것이 좋다. 겨울철 조종 시 추위를 느끼면 손이 떨게 된다. 따라서 훈련장에서는 조종기 옆 즉 조종자의 손 근처에 작은 난로를 설치하여 손을 따뜻하게 해 주는 것도 효과적이다. 셋째 조종 중에 몸이 경직되어 조종이 잘되지 않을 시는 잠시 멈추고 어깨나 팔을 돌려서 힘을 빼는 방법도 있을 수 있고, 깊은숨 호흡을 하여 마음과 몸을 풀어 주는 방법도 좋은 방법이다. 교육 시 학생이 과도하게 경직될 시 지도조종자(교관)는 조종기를 잠시 잡아주고 교육생이 팔을 돌리고 숨 호흡을 할 수 있도록 여건을 조성해 주는 것도 좋은 방법이다.

　근본적으로 수전증이 있는 사람은 사실상 예민한 조종기를 움직이기에 어려움이 많다. 하지만 스틱을 잡는 방법을 다양하게 해보는 방법도 있다. 예를 들어 엄지손가락 하나만으로 조종할 경우 많이 움직인다면 엄지와 검지를 이용하여 잡고 하는 방법도 권장한다.

평가 시 조종의 원활성은 각 세부 과목별 연계된 조종이 잘 연결되도록 미리 계획된 조종을 하는 것이다. 따라서 미리 판단하여 다음 조작이 무엇인지 미리 생각하여 대비하고 그에 맞는 조종을 하는 것이다.

5 안전거리 유지

멀티콥터의 조종시 안전거리를 통상 15m를 기준으로 한다. 물론 아주 협소한 공간에서는 약 10m 정도에서도 할 수 있으나 교통안전공단에서 제시하는 표준훈련장의 기체로부터 조종자의 거리는 15m를 제시하고 있다. 아울러 전방, 좌, 우측 끝단에서 장애물 또는 사람의 위치도 15m를 이격하여야 한다.

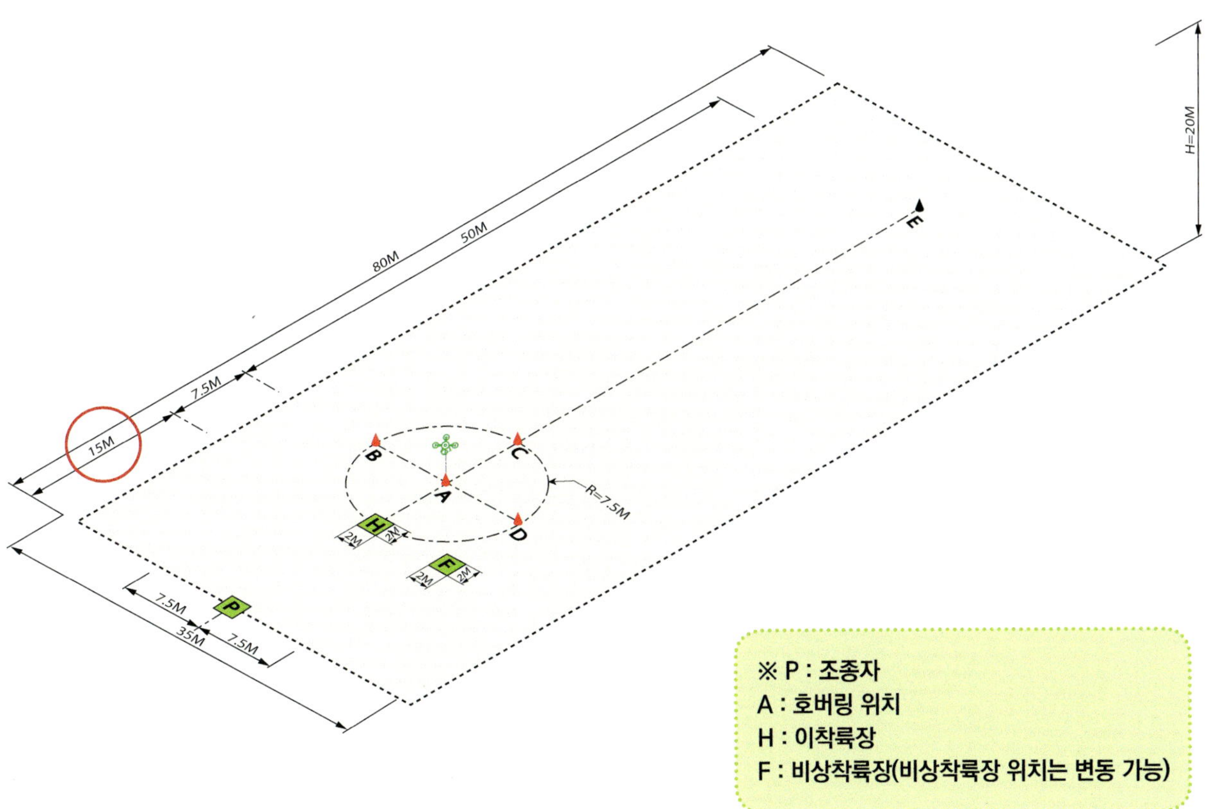

1 조종기(대표적인 2개사)의 바인딩/링크조작 방법

◆**1**◆ 후타바(Futaba) 조종기 링크조작 방법

1. 송신기와 수신기를 50cm 이내에 둔 상태에서 송신기의 전원을 켠다.

2. 항[링키지] 메뉴→[시스템]에 들어간다.

3. 수신기를 1개 사용하는 경우에는 [싱글], 2개를 사용하는 경우에는 [듀얼]을 선택한다.

4. 배터리 페일 세이프 전압을 초기치 3.8V에서 변경하는 경우에는 B.F/S 전압을 변경한다. (FASS Test 모드만)

5. 스크롤로 [링크]를 선택하고 RTN 버튼을 누른다. 송신기에서 차임음이 나면서 링크모드로 진입한다.

6. 위와 같은 상태에서 즉시 수신기 전원을 켠다.

7. 수신기 전원을 켜고 약 2초 후 수신기는 링크 대기상태가 된다. (링크대기는 약 1초간)

8. 수신기의 LED가 적색 점멸에서 녹색 점등으로 변화하면 링크가 완료되었다.

9. 주위에 FASS Test-2.4GHz 시스템 송신기가 전파를 송신하고 있는 경우 ID 코드의 입력조작(링크조작)을 실시하면 수신기의 LED가 녹색으로 점등해도 다른 송신기의 ID 코드를 읽고 있는 경우가 있다. 사용 전에는 반드시 수신기의 전원을 껐다 다시 켜고 서보의 동작 테스트를 실시하여 자신의 송신기가 올바르게 동작하는 것을 확인한다.
(*FASS Test : Futaba Advanced Spread Technology extend system telemetry)
[출처-Futaba 14SG Manual]

② 그라프너(Graupner) 조종기 링크조작 방법

1. TX ctl 설정 화면으로 이동한 후 사용할 수신기 전원을 ON 한다.

2. 수신기의 SETUP 버튼을 3초 이상 눌러 수신기를 바인딩 모드로 진입한다.

3. 조종기의 BIND ON/OFF RX1의 OFF를 터치하고 기다리면 송신기와 수신기가 바인딩 되고 RX1의 OFF 항목이 바인딩 된 수신기의 제품명으로 설정되고 RF ON/OFF 항목의 OFF가 바인딩이 되었기 때문에 ON으로 설정된다. [출처-Graupner MZ24 Manual]

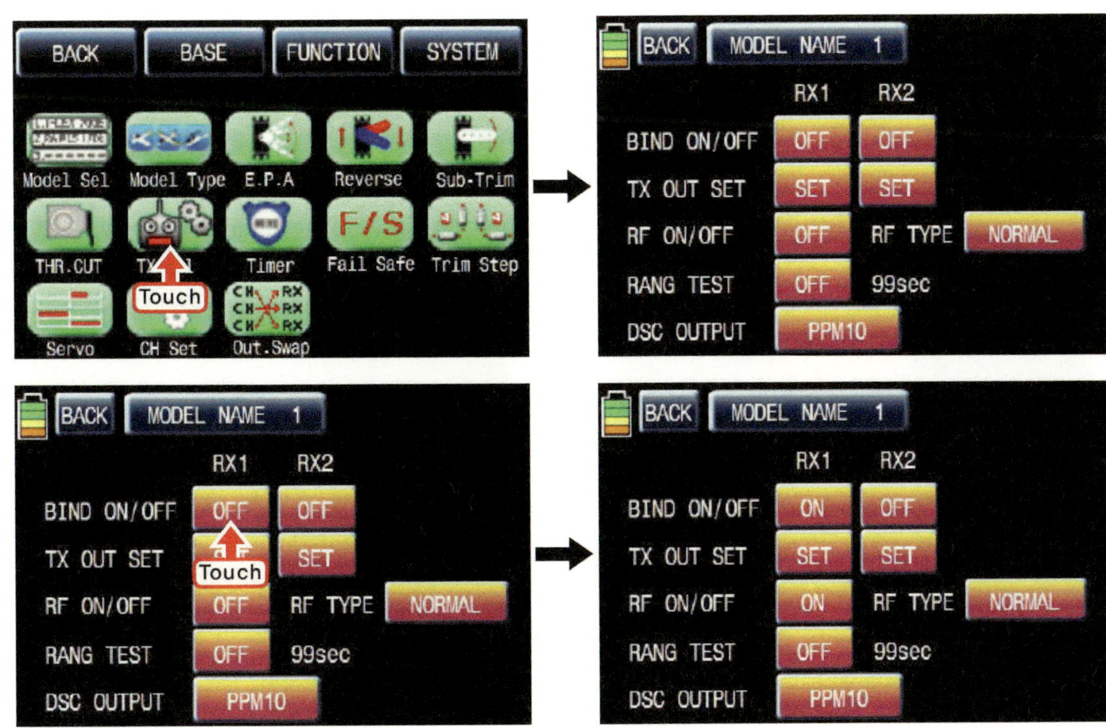

2 조종기 취급 시의 주의사항

1. 비행 중에는 송신기 안테나를 절대로 잡지 않는다. (송신출력이 극단적으로 저하된다)

2. 다른 2.4GHz 시스템 등에서 노이즈의 영향으로 전파가 닿지 않는 경우 사용을 중지한다.

3. 레인지 체크 모드 상태에서는 절대로 비행을 하지 않는다. (리 테스트 전용의 레인지 체크 모드의 경우, 비행 범위가 좁아지므로 추락의 위험이 있다)

4. 조작 중, 송신기를 다른 송신기나 휴대전화 등의 무선장치에 접촉시키거나 가까이 하지 않는다 .(오작동의 원인이 된다)

5. 비행 중 안테나 끝부분을 기체 방향으로 향하지 않는다. (지향성이 있어 송신출력이 제일 약해진다. 안테나 옆 방향에서 전파가 최대로 출력된다)

6. 비행 중 또는 엔진/모터 작동 중에는 절대로 스위치를 ON/OFF 하지 않는다. (조작이 되지 않고 추락해버릴 위험성이 있다. 전원 스위치를 ON으로 하여도 송신기의 내부 처리가 종료될 때까지 전원은 켜지지 않는다)

7. 후크 밴드를 목에 건 체로 엔진/모터의 스타트 조작을 하지 않는다. (후크 밴드가 회전하는 로터 등에 말려 들어가면 크게 다칠 수 있다)

8. 피로하거나 병이 있을 때, 음주 등으로 취했을 때는 비행하지 않는다. (집중력이 떨어져 정상적인 판단이 되지 않기 때문에 뜻하지 않는 조작으로 추락할 수 있으며, 음주 비행을 절대로 하지 않는다)

9. 전파의 혼선과 장애물 등으로 추락이 예상되는 장소에서는 비행하지 않는다.

10. 사용 중과 사용 직후에는 엔진, 모터, FET 변속기 등은 만지지 않는다. (온도가 높아졌기 때문에 화상의 위험성이 있다)

11. 안전상, 반드시 페일세이프 기능을 설정한다.

12. 비행 시에는 반드시 송신기의 설정화면을 홈 화면으로 확인하고 터치키 잠금을 설정한다. (비행 중 실수로 설정 입력을 잘못하면 매우 위험하다)

13. 비행 전에는 반드시 송수신기의 배터리 잔량을 확인한다. (조종기별 배터리의 타입, 정격전압, 용량을 확인하여 사용한다)

14. 조종기 설정을 조정할 때는 필요한 경우를 제외하고 메인 배터리 배선을 빼고 회전하지 않는 상태에서 한다.

3 기체 세팅

기체 세팅에 앞서 가장 중요한 것은 내가 운용하고자 하는 기체의 목적을 명확하게 정하는 것이다. 멀티콥터는 구조적인 특성상 다양한 임무를 수행할 수 있다는 장점이 있다. 하지만, 다다익선(多多益善)보다는 정해진 목적에 불필요한 요소를 제거하여, 구조가 복잡하지 않고 단순하게, 유지보수 또한 쉽게 세팅하는 것이 가장 좋은 기체다.

현재 국내에서 운용되는 멀티콥터의 목적은 완구(레저용)에서부터 산업용까지 다양하다. 교육용, 촬영용, 방제용, 측량용, 인명구조용, 이(배)송용, 레이싱용, 드론 축구용, 묘기용 드론 등 있다.

멀티콥터의 구조는 프레임[메인프레임, 암(붐), 착륙장치(스키드, 랜딩기어)], 변속기, 모터, 로터, 배터리, 임무탑재 장비 등으로 구성되어 있다.

 프레임

프레임은 기체의 동체를 구성하는 부분으로서 메인프레임(몸통), 암(붐), 착륙장치(스키드, 랜딩기어) 등이 있다. 기체 프레임 세팅에서 가장 중요한 것은 소재선택과 무게중심 찾기이다. 멀티콥터에 주로 사용되는 프레임 소재는 카본(Carbon), 알루미늄(Alumen), 유리섬유(Glass Fiber), 나무, EPP(Expanded polypropylene) 등 매우 다양하다. 그중 가장 많이 사용하는 소재는 카본이다.

카본의 경우 원소기호 C(탄소) 섬유를 다양한 방법으로 직조하여 에폭시 등 합성수지와 함께 고열과 고압에서 가공하여 완성된다. 철보다 무게가 가볍고, 강도, 내열성, 탄성이 매우 뛰어나다. 탄소 C는 전도체이기 때문에 전기 통하는 재질이다. (예: 샤프심이 전기가 통하는 것과 같다) 카본 프레임에 +, − 단자가 닿도록 납땜하거나, 노출 시켰을 경우 프레임에 전기가 통하면서 위험한 상황이 발생할 수 있다. 또한, 안테나에 간섭을 하여(전파를 차단할 수도 있음) 비행 불능에 빠질 수 있기 때문에 반드시 절연처리를 잘 해주어야 한다.

멀티콥터의 무게중심을 찾는 방법은?

바람이 없는 실내에서 기체의 X, Y, Z축 각각 하나씩 중앙에 기준점을 두고 줄을 연결하여 공중에 매달아 준다. X, Y, Z축 각각의 자세가 균형을 유지하도록 기준점을 조금씩 이동하여 무게중심을 찾는다. 무게중심을 찾은 후에는 기체 중앙에 위치할 FC 및 배터리 등이 무게중심에서 최대한 가깝게 세팅한다.

기체의 무게중심이 맞지 않으면 특정 위치의 변속기와 모터에서 수평자세를 잡으려고 보다 많은 출력이 발생하고, 이로 인한 과열 및 내구성 감소로 비행성능 저하가 발생할 수 있다. 무게중심에 가장 큰 영향을 미치는 부분은 무게가 비교적 많이 나가는 배터리이다.

기체 균형이 잘 잡혔다고 판단하는 쉬운 방법은 바람이 없고 기압이 안정한 환경에서 자세 모드(Attitude Mode) 호버링 비행 시 전/후 피치(Pitch)와 좌/우 롤(Roll) 조작 없이 손을 떼고 있더라도 호버링을 잘 유지할 때 기체 균형이 잘 잡혔다고 판단할 수 있다.

암(붐)은 무거운 배터리가 위치한 메인프레임과 양력을 발생시키는 모터 사이에 위치하며 많은 진동과 비틀림이 발생한다. 암(붐)의 종류에는 이동이 간편하도록 접히는 관절구조와 접히지 않는 구조가 있다. 관절이 많은 경우 기체 크기가 작아져서 승용차로도 운반이 간편하다는 장점이 있지만, 자주 비행을 할수록 관절에 유격이 발생하여 관리가 안될 경우 진동과 비틀림이 심하게 발생하여 기체 비행성능이 저하되는 상황이 발생한다.

착륙장치(스키드, 랜딩기어)는 기체의 모든 구조와 하중을 받쳐주는 역할을 한다. 멀티콥터의 착륙조작은 부드럽게 수직 하강하여 기체에 충격이 가지 않게 하는 것이 원칙이다. 하지만, 초보자의 실수 또는 비행 중 위험 상황 발생 시 비상착륙에서 강하게 착륙하는 하드랜딩이 있을 수 있다. 이때, 착륙장치(스키드, 랜딩기어)는 기체를 안정적으로 받쳐주고 착륙 충격을 흡수하는 아주 중요한 역할을 하는데, 이때 착륙장치(스키드, 랜딩기어)의 소재가 너무 단단하거나 구조적으로 너무 튼튼할 경우 충격이 흡수되지 못하고 상부로 전달되어 메인프레임 및 붐(암) 등 더 많은 기체 파손이 발생한다.

기체 제작 경험이 많은 중국의 경우, 기체 스키드 소재를 유연성이 있는 카본이나 폴리우레탄으로 만들고 일정 충격 이상 시 쉽게 부러지는 구조로 단순하게 설계하여 하드랜딩 시 기체 상부에는 충격이 가지 않도록 제작하고 있다. 자동차 교통사고 발생 시 차량 범퍼가 파손되면서 충격이 흡수되어 운전자에게 충격이 적은 것과 같은 원리이다.

✦❷✦ 모터

모터의 종류에는 브러시(Brushes) 모터와 브러시리스(Brushless) 모터 두 종류가 있다. 브러시 모터는 마찰에 의한 에너지 손실, 소음, 마모 등 단점 있어서 주로 브러시리스 모터를 사용한다. 브러시리스 모터는 반영구적, 유지보수 적음, 고속회전 가능, 경량화 가능하다는 장점이 있다. 브러시리스 모터는 3개의 선에 순차적으로 전류를 공급하여 회전을 발생시킨다. 그래서 3개의 순서를 바꿔주어 회전 방향을 쉽게 바꿔줄 수 있다.

모터는 CW(Clock Wise/시계방향)와 CCW(Counter Clock Wise/반시계방향)로 방향을 표시한다.

모터 옆면에 표시된 숫자의 의미는?

모터의 옆면에 표시된 숫자와 KV를 통해 확인할 수 있다.

$$\underline{4510} - \underline{1300KV}$$

 ①    ②

① 4510에서 앞의 두 자리 숫자는 모터 캔의 지름이 45mm이고, 뒤 두 자리는 모터 캔의 높이가 10mm임을 의미한다.

② 1300KV는 모터가 1V의 전압으로 1300rpm을 회전한다는 의미이며 예를 들어 3Cell 배터리를 사용할 경우 [11.1V × 1,300 = 14,430rpm]임을 알 수 있다.

KV란 모터가 1V 전압으로 분당 얼마만큼 회전하는지 알 수 있다. 크기가 큰 로터가 양력을 발생시키려면 큰 힘이 필요하고 낮은 회전수에서 가능하지만, 크기가 작은 로터는 양력을 발생시키기 위해 더욱 작은 힘과 높은 회전수가 필요하다. 회전수와 토크에 따라 KV값을 비교하여 저속, 고속 모터를 적절히 선택하는 것이 중요하다.

최근 장비들의 성능이 많이 개선되면서 방수되는 모터들을 쉽게 찾을 수 있다. 방수의 범위는 만약 비행 중 갑자기 소나기를 만났을 때, 안전한 착륙장까지 무사히 데려오는 잠시 동안의 성능을 의미한다. 그러나 가끔 사용자들이 물에 담그거나 자동차처럼 고압 세척기로 물청소를 하는 경우가 있는데 이것은 매우 위험하다. 실제로 방수 모터라고 홍보해서 구입한 방제 기체가 모터 아래에 있는 변속기는 방수가 되지 않아서 소나기에서 복귀비행 중에 변속기가 터지며 추락한 적이 있었다.

3 변속기. ESC(Electronic Speed Controller)

변속기는 모터에 들어가는 전류를 조절하여 모터 회전 속도를 제어한다. 드론에 사용되는 브러시리스 모터에는 3개의 전선을 사용하는데 2개는 전원, 나머지는 신호 입력 등으로 3개의 전선에 순차적으로 전류를 공급한다. 그래서 3개의 전선 순서를 바꿔주어 회전 방향을 쉽게 바꿔줄 수 있다.

변속기는 모터가 허용하는 최대전류를 처리할 수 있어야 하며, 허용 가능한 전류를 10~80A 등 표시한다.

변속기는 제작사마다 각기 다른 방법(부저의 길이, 횟수 또는 별도의 세팅기 등)으로 다양한 세팅을 할 수 있다. 변속기 세팅 시 반드시 세팅방법을 숙지하고 완벽한 세팅 후 비행한다. 변속기는 냉각이 매우 중요하다. 대부분의 변속기는 로터에서 발생하는 하강풍 또는 모터내부가 팬 구조로 되어있어서 암(붐) 안에서 공기를 빨아내는 방식인 "강제 공랭식"을 사용한다.

4 로터

로터의 소재는 카본, 나무, 플라스틱 등 다양하다. 형태는 일체형과 접이식이 있다. 멀티콥터에 거의 대부분 사용되는 카본로터는 가볍고 튼튼하며 유연한 장점이 있다. 하지만 비용이 비싸다는 단점이 있다. 카본로터 중에서도 속을 나무로 채우는지, 유리섬유로 채우는지에 따라 다른 특성을 가진다.

접이식 로터는 이동 시 간편하게 접어서 이동할 수 있는 장점이 있지만, 허브와 블레이드의 볼트결합 긴장도, 테프론 와셔의 상태를 지속적으로 관리해줘야 일정 수준 이상의 성능을 낸다. 이 부분의 관리가 소홀할 경우 모터에서 발생하는 진동이 심해진다. 기본적으로 기체 이동 시 로터는 모터에서 분리하거나, 접어서 안정된 상태로 고정한 다음 이동한다. 실제로 이동 중에 차량 문에 끼거나, 옷에 걸리면서 파손되었던(끝이 깨진) 로터가 비행에 사용되어 비행 중에 로터가 반으로 접혀 추락한 사고사례가 있다.

5 FC

FC의 구성은 MC(Main Controller), PMU(Power Management Unit), IMU(Inertia Measurement Unit), GPS(Global Positioning System), 수신기(Receiver), LED 표시등

• 각각의 부품별 명칭과 역할

1. 메인컨트롤러(Main Controller) :

수신기 정보를 바탕으로 제어되며, 각각의 센서(가속도계, 자이로스코프, 관성측정 장치, 나침반, 기압계, GPS)로부터 받은 정보를 처리한 다음 변속기 개별로 신호를 보내어 기체 자세를 유지한다. 또한, 임무 탑재장비(촬영, 영상 송수신, 방제, 스키드 조작 등) 제어가 가능하다. 기체의 크기, 무게, 비행 목적에 맞게 기체 자세제어 Gain 값을 입력하여 기체 감도 및 자세제어 값을 세팅한다.

2. PMU(Power Management Unit) :

배터리로부터 입력전압(7.4V~26V)을 FC 각각의 장치에 맞게 전압을 변경 후 전원을 출력해주는 장치이다.
세팅 시 주의할 점은 열이 많이 발생하므로 바람이 잘 통하는 곳에 설치해야 한다.

3. IMU(Inertia Measurement Unit) :

기체의 고도와 자세를 측정하기 위한 "관성측정 장치"이며 자이로스코프(Gyroscope)와 가속도계(Accelerometer) 센서가 내장되어 있다. 세팅 시 IMU의 전방이 기체와 일치한 지 확인하는 것이 매우 중요하며, 장착 시 되도록 무게중심과 가깝게 수평으로 설정된 위치에 흔들리지 않도록 고정해야 한다. 또한 사용 가능 온도(−5℃ ~ 60℃)와 보관온도(60℃ 이하)를 준수하여야 한다.

4. GPS(Global Positioning System) :

위성 신호를 수신하여 기체의 지리적 좌표를 파악하고 제자리 비행이 가능하게 한다. 세팅 시 GPS의 전방이 기체와 일치한 지 확인하는 것이 매우 중요하며, 장착 시 GPS안테나 주변에 전파 간섭과 요소와 벗어난 최적의 위치에 수평으로 흔들리지 않게 고정해야 한다. 지자계(나침반)는 전자기에 매우 예민하기 때문에 간섭이 있을 경우 비정상적(비행성능 저하, 비행불가)으로 작동하는 원인이 된다. 기본적으로 처음 사용하거나 비행장소가 변경될 경우 지자계 교정 작업을 실시한다.

5. 수신기(Receiver) :

송신기(조종기)로부터 수신기가 받는 신호의 종류는 PWM, PPM, S-Bus, XBUS, SUMD, SumH 등이 있다. 제작사 별로 차이가 있으며 연결방식 및 장/단점이 다르다. 주로 사용하는 주파수 영역대는 2.4GHz 이다. 기본적으로 비행 중 송신기와 수신기 간의 연결이 끊겼을 때에는 페일세이프(Fail Safe)가 자동으로 작동된다. 페일세이프는 호버링, 리턴 투 홈, 랜딩 등 옵션을 설정할 수 있다.

4 배터리 취급 시의 주의사항

1. 손상, 열화, 누액 등 이상이 있는 배터리는 충전하지 않는다.

2. 배터리를 물, 비, 바닷물, 동물의 배설물 등에 젖지 않도록 한다. (젖은 상태, 젖은 손으로 사용하지 않고, 욕실 등 습기가 많은 장소에서 사용하지 않는다)

3. 배터리의 단자를 금속 등으로 쇼트시키지 않는다.

4. 배터리, 충전기에는 납땜을 하거나 수리, 변형, 개조, 분해를 하지 않는다.

5. 배터리를 불에 던지거나, 화기 가까이에 두지 않는다.

6. 직사광선이나 자동차의 대시보드, 스토브 등 고온의 장소나 화기 근처에서 충전, 보관하지 않는다.

7. 이불을 덮는 등, 열을 내기 쉬운 상태에서 충전하지 않는다.

8. 가연성 가스가 있는 곳에서는 사용하지 않는다.

9. 배터리는 비행 전에 반드시 완전히 충전한다.

10. 배터리를 과충전, 과방전하지 않는다.

5 배터리 충전기 취급 시의 주의사항

1. 충전기를 직류전원 등 충전기 이외의 용도에는 사용하지 않는다.

2. 배터리는 반드시 전용 충전기로 충전한다.

3. 전원 플러그는 확실히 끝까지 콘센트에 꽂는다.

4. 충전기는 반드시 지정 전원 전압으로 사용한다

5. 충전기는 먼지, 습기가 많은 장소에서 보관, 사용하지 않는다.

6. 극단적으로 추운 곳이나 더운 곳에서 충전하지 않는다. (충전되는 배터리의 성능 저하 원인이 된다. 충분히 충전되기 위한 최적 온도 조건은 주위 온도가 영상 10~30도이다.)

6 **지자기 방위 센서(Magnetic Compass) Calibration**

➊ 주의사항

1. 우측을 상 방향으로 하여 평평한 장소에 위치시킨 후 배터리를 연결한다. 10초간 기체를 움직이지 않은 상태에서 배터리를 연결하여 초기화시킨다.

2. Calibration을 실시할 동안에는 주변에 전자기석의 간섭이 없는 장소에서 실시한다. 즉, 근거리에 자동차나 철재 펜스 등이 있는 주차장은 적합하지 않다. 이런 철재 물체로부터 15m 이상 이격되는 장소에서 실시하는 것이 좋다.

3. 차량 열쇠, 휴대폰 등도 주머니에서 제거한 후에 실시한다.

➋ 실시방법

통상 조종기 비행모드 변경 토글 스위치를 8번 정도 up-down을 반복하면 이 Callibraton 모드로 진입하게 된다. 그때 기체를 들어서 수평으로 한 바퀴 돌아 등의 색이 변하면 다시 수직으로 세워서 한 바퀴 돈다. 완료가 되면 등은 정상 GPS 또는 자세모드 표시를 하게 된다.

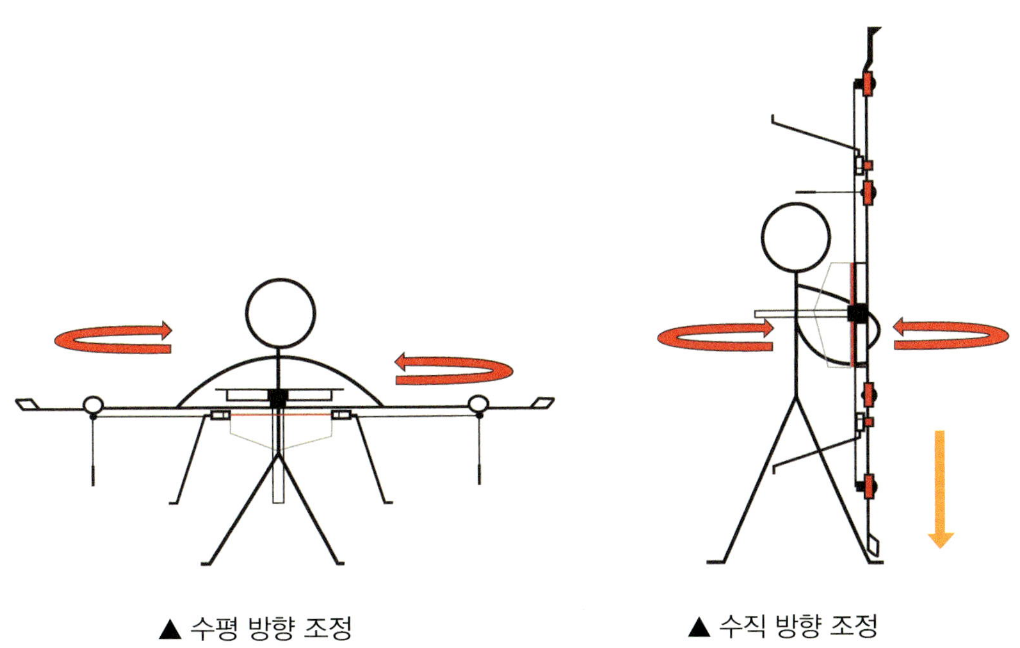

▲ 수평 방향 조정　　　　　▲ 수직 방향 조정

7 초경량비행장치 무인회전익 멀티콥터 기체정비

현재 실제 운용되는 다양한 형태의 초경량비행장치 무인회전익 멀티콥터에 사용되는 공구는 주로 RC 모형항공기에 사용되는 공구와 호환이 가능함으로 충분히 유지보수 및 정비가 가능하다. 기체의 유지보수 및 정비 시 공구의 정확한 명칭과 용도에 맞게 사용했을 때, 정비의 정확성 및 작업시간의 단축에 매우 큰 결과를 가져온다.

실제 잘못된 용도의 공구를 억지로 사용하여 예상하지 못한 2차 사고발생 또는 작업시간 지체가 자주 발생한다.

1 좋은 공구의 선택

공구는 되도록 저렴한 중국제보다는 일제 또는 독일제가 좋다. 그 이유는 공구를 단기간 동안 사용하더라도 처음과 꾸준한 신뢰성의 차이가 있다. 예를 들어 저렴한 육각렌치의 경우 육각 엣지가 쉽게 무뎌져서 결국 볼트를 손상시킨다. 이러한 문제는 정비 작업시간에도 결정적인 영향을 미치기 때문에 좋은 공구의 선택이 매우 중요하다.

1 렌치

1. 엘보형 육각렌치 :

주로 볼트를 강하게 조이거나 풀 때, 좁은 공간에서 유용하게 사용한다.

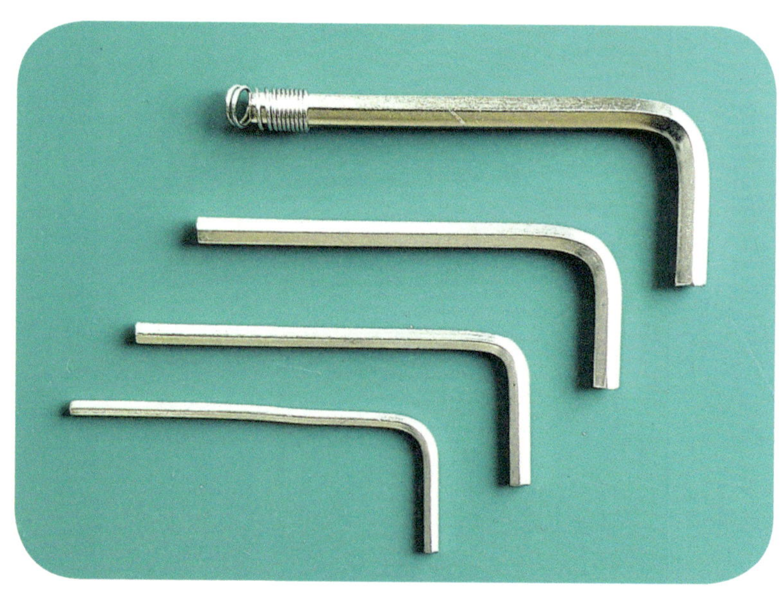

2. 일자형 육각렌치 :

손잡이 그립이 좋아서 직관적인 볼트 조임, 풀림이 가능하다. 주로 사용되는 사이즈는 1.5mm, 2mm, 2.5mm, 3mm, 3,5mm, 5mm, 5.5mm 이다.

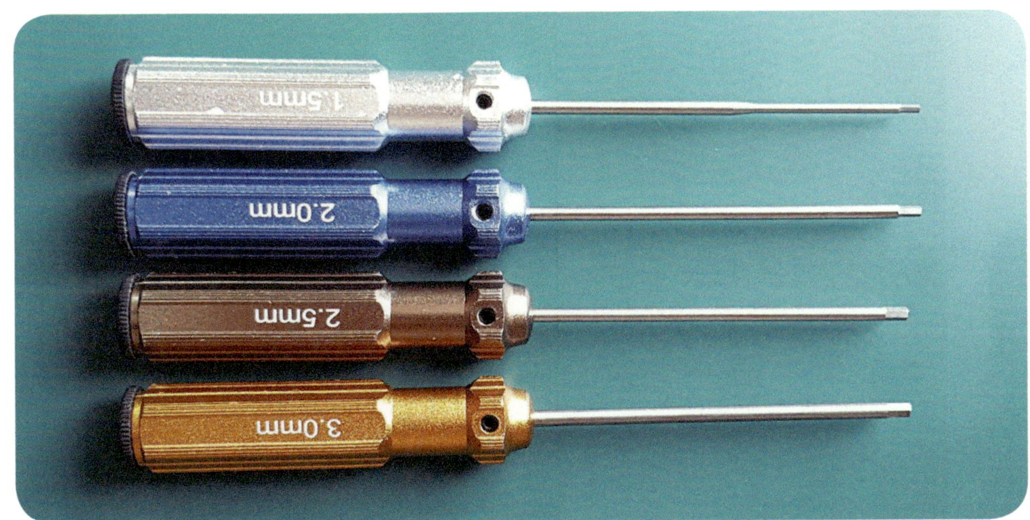

3. 별 렌치 :

기체의 주요부분에 사용된다.

② 롱로즈

전선 또는 핀, 볼트, 너트 등을 잡
아주거나 뽑을 때 사용한다.

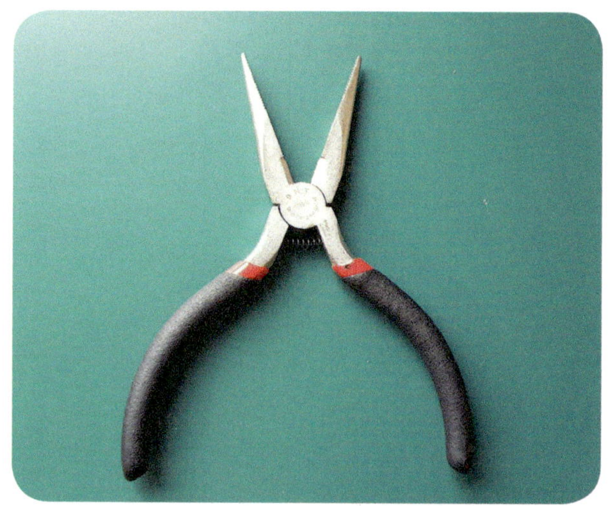

③ 니퍼

전선 또는 와이어를 절단할 때 사
용한다. 팁의 모양은 다양하며 끝
이 뾰족한 모양이 좁은 공간에서
정확한 절단에 수월하다.

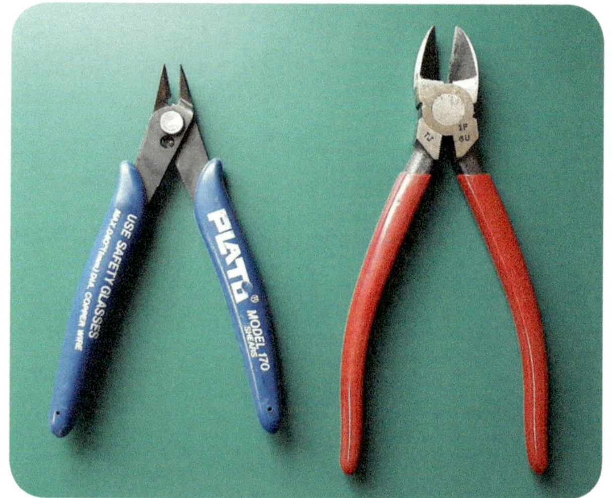

④ 와이어 스트리퍼

전선의 피복을 손상없이 벗겨주
는 역할을 한다.

5. 실리콘 와이어

실리콘 와이어 멀티콥터에는 주로 실리콘 와이어가 사용된다. 사용되는 실리콘 와이어의 굵기는 4AWG ~ 16AWG 까지 다양하다.

6. FC, 변속기, 모터, LED 등 여러 전선을 연결시키는 과정에서 땜납 시 필요하다. 인두기의 팁 모양은 용도에 따라 교체하여 다양하게 사용한다.

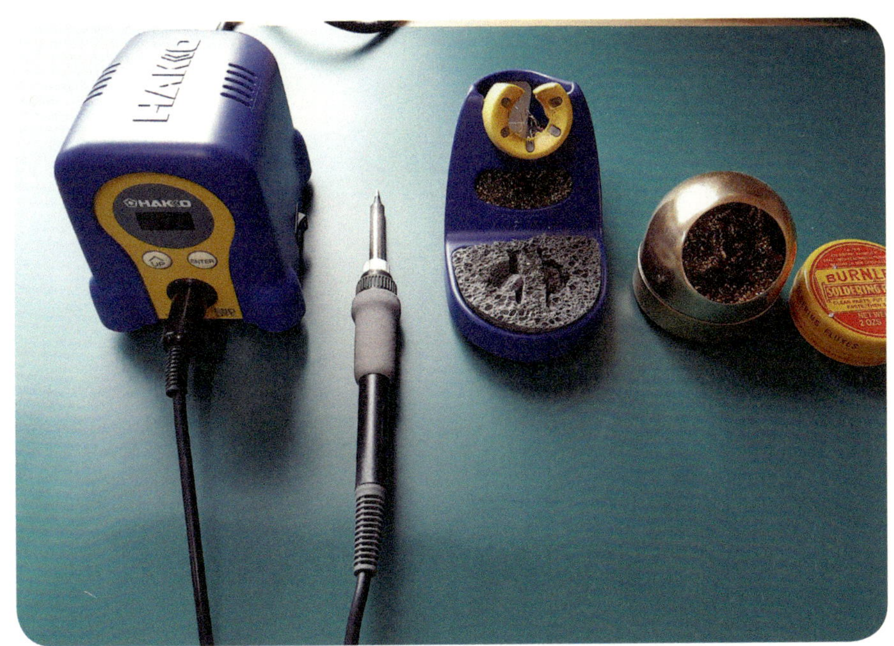

7. 기타 그 밖의 부수적인 공구로는 가위, 커터 칼, 드라이버, 스패너, 레벨 등이 있다.

❷ 정비의 기초이해

❶ 작업 환경조성(확인사항)

1. 정비 작업장의 환기 시스템이 갖추어져 있는가?

2. 정비 작업장의 전체조명 및 집중조명의 밝기는 적절한가?

3. 정비 작업장의 작업 테이블 높이는 적절한가?

4. 정비 작업장의 전기 콘센트 및 용량은 적절한가?

5. 정비 작업에 사용되는 공구는 준비되어 있는가?

6. 정비 작업에 사용되는 공구의 이름과 용도를 정확하게 파악하고 있는가?

7. 정비 작업 중 화재 발생 시 소화기가 준비되어 있는가?

8. 정비 작업 중 인적 피해 발생 시 응급처방 약이 준비되어 있는가?

9. 정비 작업 시간은 충분히 여유가 있는가? 정비시간이 2시간이라면 30분에서 1시간을 더 편성한다. (여유시간 편성)

10. 정비 작업자의 컨디션(건강, 집중력)은 정상인가?

❷ 정비 규칙

1. 공구함 또는 공구 보관대에는 각각의 공구 위치를 정한다. (주소화 한다)

2. 정비 작업대는 항상 청결과 정리정돈을 최우선으로 유지한다.

3. 정비 시작 전 진행할 정비 작업의 책임자를 반드시 정한다.

4. 정비작업 목표와 계획표를 작성하고 작업 시간표를 편성(40분 작업 10분 휴식)한다. 시간에 쫓기는 정비작업은 작업 신뢰도에 가장 안 좋은 영향을 미친다.

5. 충분히 숙지한 내용이더라도 해당 장치의 제작사가 제시한 매뉴얼 확인 후 작업을 시작한다.

6. 한번 사용한 공구는 해당 작업을 마치는 즉시 원위치한다.

7. 공구의 용도가 적절하지 않거나 작업 중 무리가 있을 경우 억지로 하지 않고 적절한 공구를 마련하여 작업을 진행한다.

8. 작업자가 2명 이상일 경우 명확한 역할분담을 한다.

9. 정비작업 중 작업이 지체되어 계획표를 초과했을 경우 과감하게 작업을 중단시키고 작업자의 집중력과 건강을 위해 다음날로 재계획 편성한다.

10. 정비작업 종료 후에는 점진적으로 테스트 매뉴얼에 따라, 최종적으로는 실제 운용되는 환경과 동일하게 테스트를 진행한다.

❸ 신뢰성 높은 기체 관리자 및 정비사의 자격 사례

산업용 멀티콥터 현장에서 기체가 추락으로 파손되어 정비작업을 진행하는 일이 있었다. 두 개의 팀이 동일한 기종을 두고 A팀은 작업자 5명, B팀은 작업자 2명이 동일한 정비작업을 진행하였다. 작업자가 2명인 B팀은 위의 정비규칙을 대부분 준수하였고, A팀은 대부분 준수하지 못했다. 결과는 작업시간이 증명해 주었는데 A팀 6시간 50분, B팀 2시간 30분이었다. 정비를 마친 기체 또한 신뢰성(볼트-너트 체결상태, 땜납상태, 무게중심 및 밸런스 세팅)에 큰 차이가 있었다.

초경량비행장치 무인멀티콥터를 운용하는 일부 조종사들은 기체를 레저용 RC, 장난감의 심화버전 또는 대형화된 장난감이라고 쉽게 생각하여 제작사와 상의(허용) 되지 않은 스티커, LED, 배터리, 살포장치, 노즐 등을 부착하는 경우가 많다. (사진촬영을 하는 분 중 일부는 촬영용 장비를 카메라, 농민 중 일부는 살포용 장비를 농기구로 생각하고 있는 분이 있다.) 이러한 쉽게 생각한 부착물 때문에 기체의 무게중심이 무너지거나, FC 및 전자장치에 치명적인 간섭을 하여 제어 불능에 빠지게 되어 큰 사고로 이어진 사례가 국내에 많이 있다.

초경량비행장치 무인멀티콥터 기체를 항공기라 생각하고 안전을 최우선으로 조종/유지보수 및 정비를 실시하며, 기체를 장난감으로 쉽게 생각해서는 절대 안 된다. 사소한 부분이 대형 인명피해로 이어질 수 있다는 점을 기억하고 제작사가 제공한 매뉴얼을 준수, 임의개조 금지를 명심한다.

지도조종자과정
chapter
01
들어가기 전에

1 경력 준비 및 등록절차

100시간 비행 경력 준비	비행경력증명	교관과정 이수 (공단 항공안전처)	지도조종자 등록 (공단 항공시험처)

100시간 비행 경력 준비

개인별 비행 또는
교육원 교관반 과정 이수

- **개인**
- 장비(12kg 초과 신고된 드론) :
  개인 구입 또는 임대
- 추가 80시간 이상 비행하면서
  비행기록 증빙 자료 준비 :
  개인비행기록, 기체비행기록,
  정비기록, 증빙사진 등 자료
- 비행경력 발급 기관과 사전 협의 후
  진행 필요
  (개인 지도조종자 발급 불가)

- **교관반 과정 이수자**
- 전문교육기관 중 과정 개설 기관에 협
  의
- 장비 준비 :
  임대(임대료 400~600만원 선) or
  구입(구입비 2000~7000만원)
- 교육 진행비 : 150~300만원

비행경력증명

- **개인**
  증빙자료 구비하여
  사전 협조된 기관에
  경력증명 발급 신청

- **교관반 이수자**
  교육원에서 발급

교관과정 이수 (공단 항공안전처)

- **교육 신청**
  공단에 신청
  참조
  [www.ts2020.kr
  교관과정]

- 공단 항공안전처
  에서 분기별로
  실시

- **교육일정**
  : 3일

지도조종자 등록 (공단 항공시험처)

- 공단 항공시험처
  에서 심사 후 등
  록

- 등록 후 등록
  공문 개별 발송

2 지도조종자가 알아야 할 사항

1 지도조종자란 (항공안전법 시행규칙 별표4-2, 2017. 7. 18)

만 20세 이상으로 항공안전법 시행규칙 제307조제2항제1호가목에 따른 무인헬리콥터 또는 무인멀티콥터 지도조종자 자격증명을 소지한 자로서 동 과정의 학과교육을 실시하는데 필요한 지식과 능력이 있는 자

2 지도조종자가 갖추어야 할 능력

1. 학과 능력 : 비행운용, 항공역학(비행원리), 항공기상, 항공관련법규 강의 가능

2. 비행 능력 : 교육생의 오작동을 대처하여 안전을 유지 가능

3. 비행교수 능력 : 실기 비행 교육 능력 및 무인항공안전관리 지식 보유

4. 정비 능력 : 해당 비행장치의 분해조립/세팅, 부품교체, 응급조치 가능

5. 실무 비행 : 항공방제, 항공촬영, 특수임무수행 비행 방법 등을 이해하고 교육가능

3. 지도조종자 비행 훈련

1. 지도조종자과정의 실 비행 교육과목, 방법 등은 정해진 것이 없다.(멀티콥터 교육원, 교통안전공단 : 실 비행평가가 없다.) 다만 현재는 비행시간 100시간 이상이면 한국교통안전공단의 지도조종자 과정에 입교하여 연수를 받을 수 있다.

2. 현재 각 교육원마다 자체적으로 교육과목, 방법 등으로 교육하고 있다.

3. 이 교재에서는 교통안전공단에서 연수 시 교육되는 것을 제외하고 지도조종자가 알아야 할 최소한의 이론지식 및 비행훈련 패턴에 대한 기준을 제시하고자 한다.

4. 따라서 이 내용은 주장하는 사람에 따라 상이할 수 있음을 미리 알려둔다.
아울러 지도조종자들이 직접 실 비행교육을 담당하므로 그 수준을 향상시키기 위한 기준으로 제시하고자 한다.
(※기량향상과 안전비행을 위한 훈련방법 권장사항임)

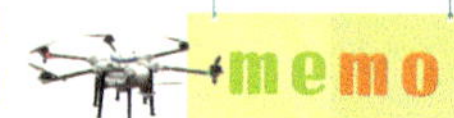

❶ 비행 훈련 개요

① 기체 자세에 대한 설명 (향후 이 교재의 설명을 이해하기 위한 자세임)

② 비행장에 대한 설명

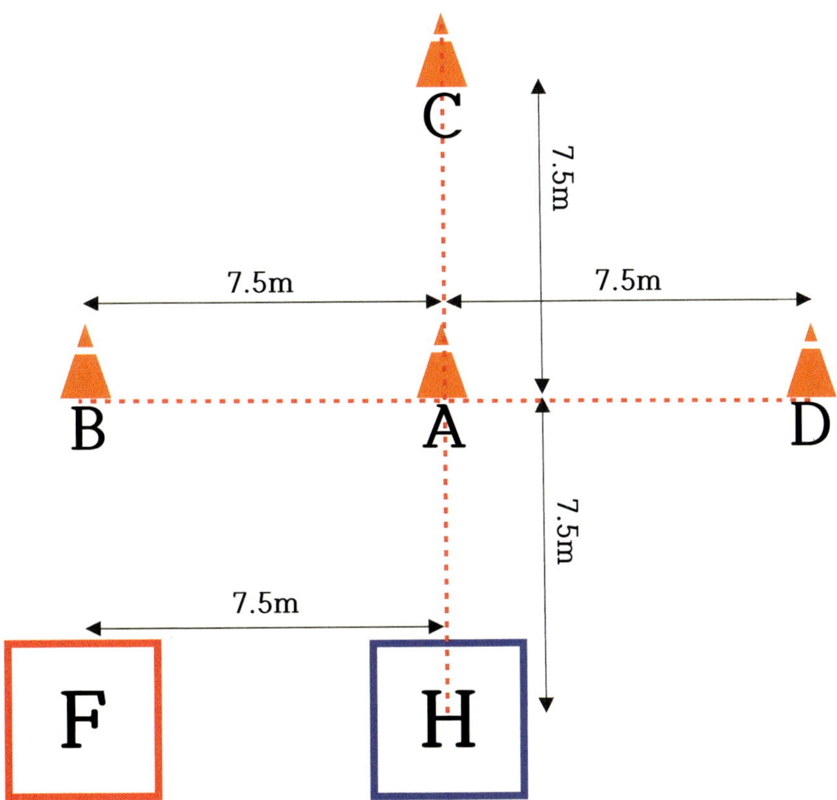

GPS모드에서의 기본 패턴비행 : 정해진 비행을 8분 내외 완료 수준

조종법 총괄

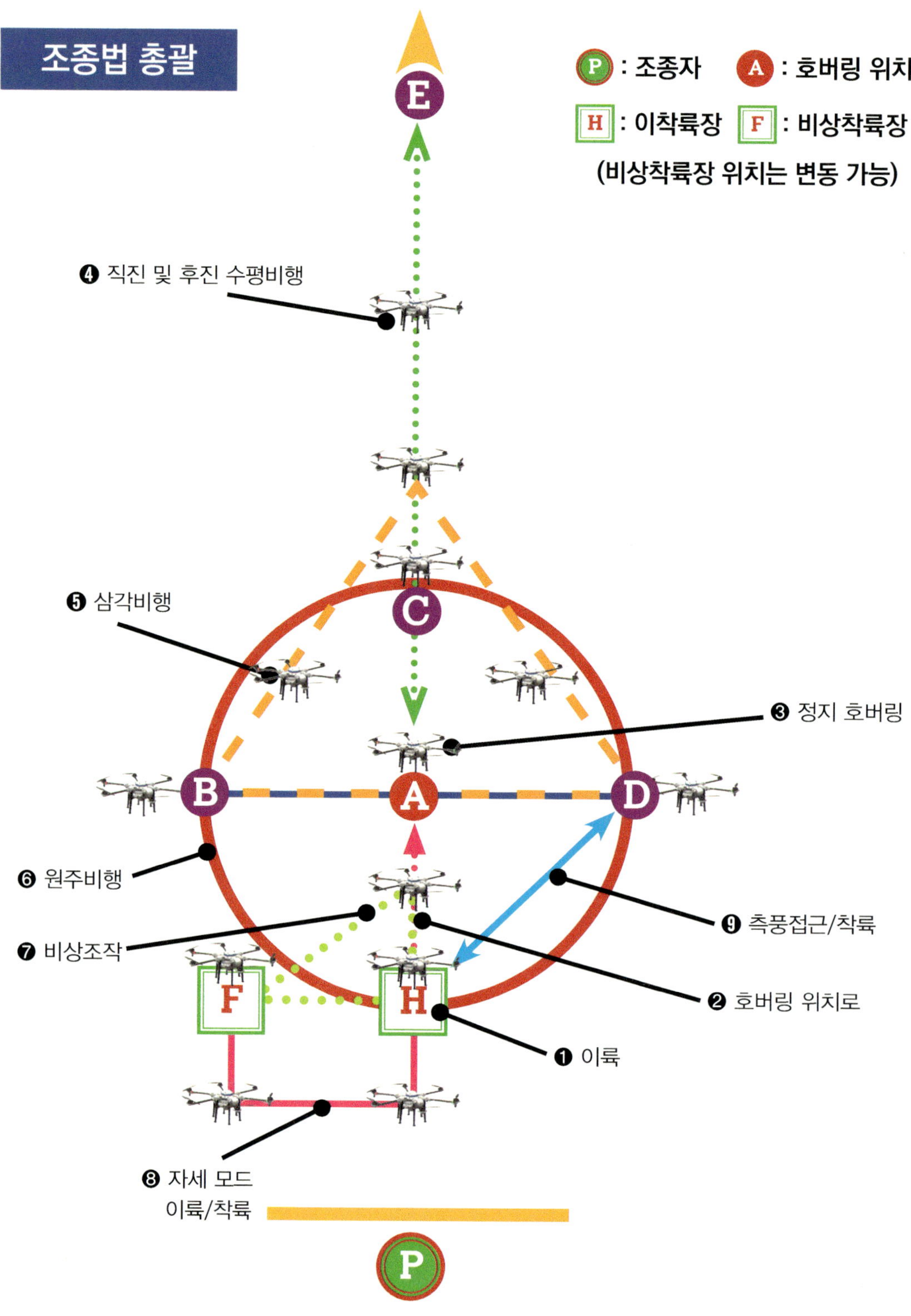

비행모드	GPS Mode
난이도	★★☆☆☆
비행목표	1. 실기시험 평가항목의 세부기준을 모두 **"만족(S등급)"** 충족하는 비행 2. 비행시간 **"8분"** 내외
유의사항	– 패턴 항목별 비행고도 유지 – 자연스러운 시선처리(기체 / 지면 / 목적지) – 모든 **"정지"**에서는 **5초 카운트(E지점에서는 3~5초)**

❸ 기본 비행 훈련 개요

❶ GPS모드 8자 비행

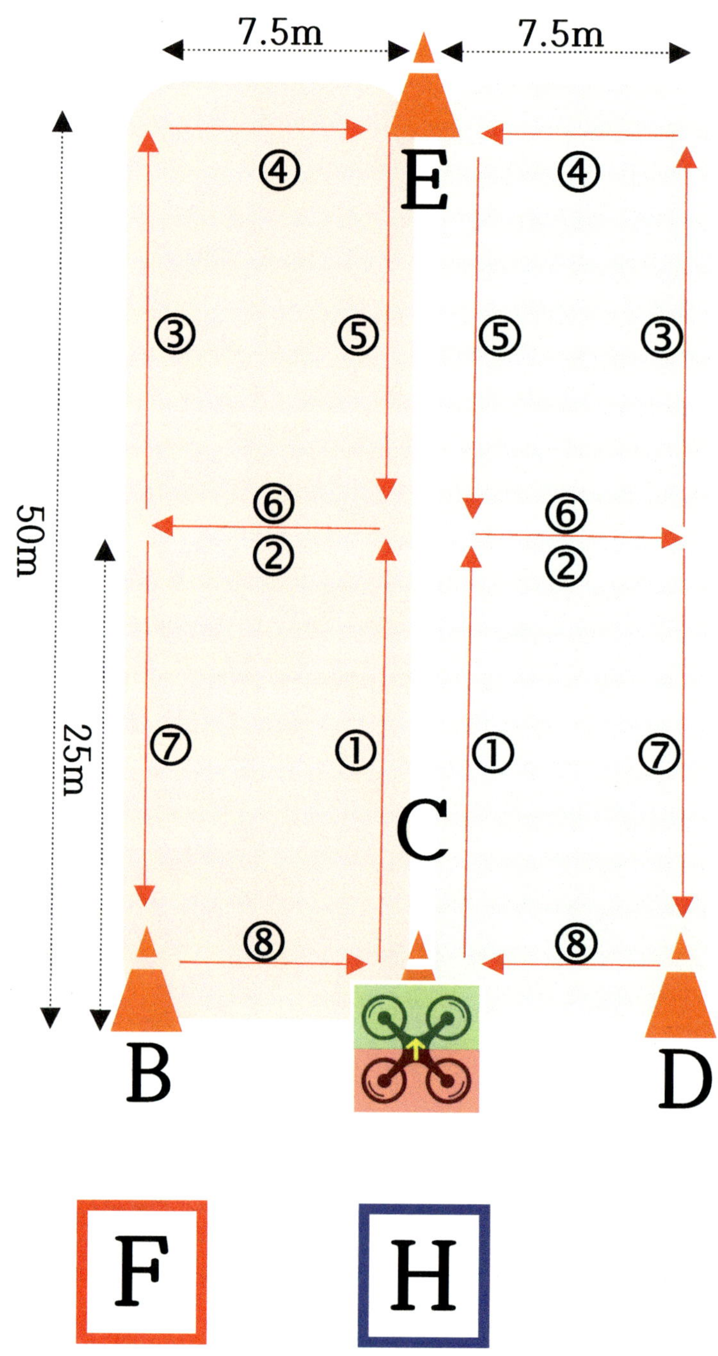

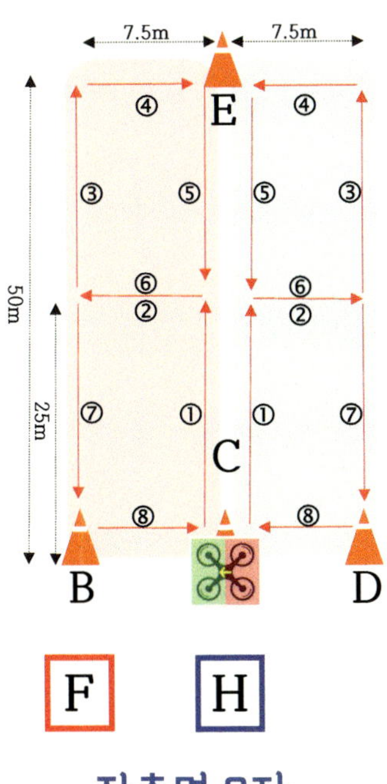

좌측면 8자

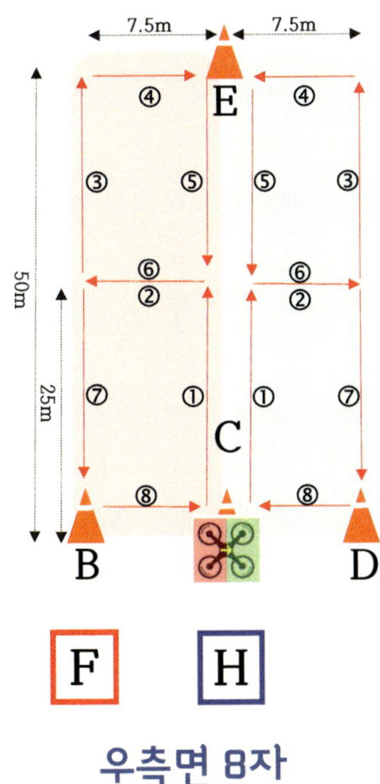

우측면 8자

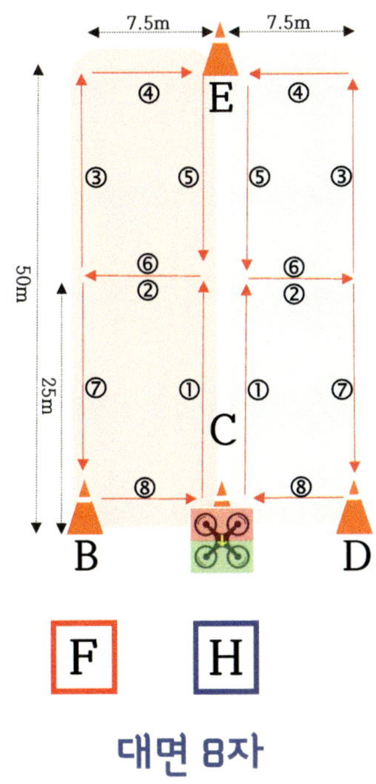

대면 8자

비행모드	GPS Mode			
난이도	★ ★ ☆ ☆ ☆			
비행목표	1. 정면 8자 비행 2. 좌측면 8자 비행 3. 우측면 8자 비행 4. 대면 8자 비행	정면	좌측면	우측면	대면
유의사항	- 30m, 50m 지점 유지 - 직선 기동이 되도록 조작 - 기준고도 3~5m 유지			

② 자세모드 8자 비행 (10m, 30m, 50m)

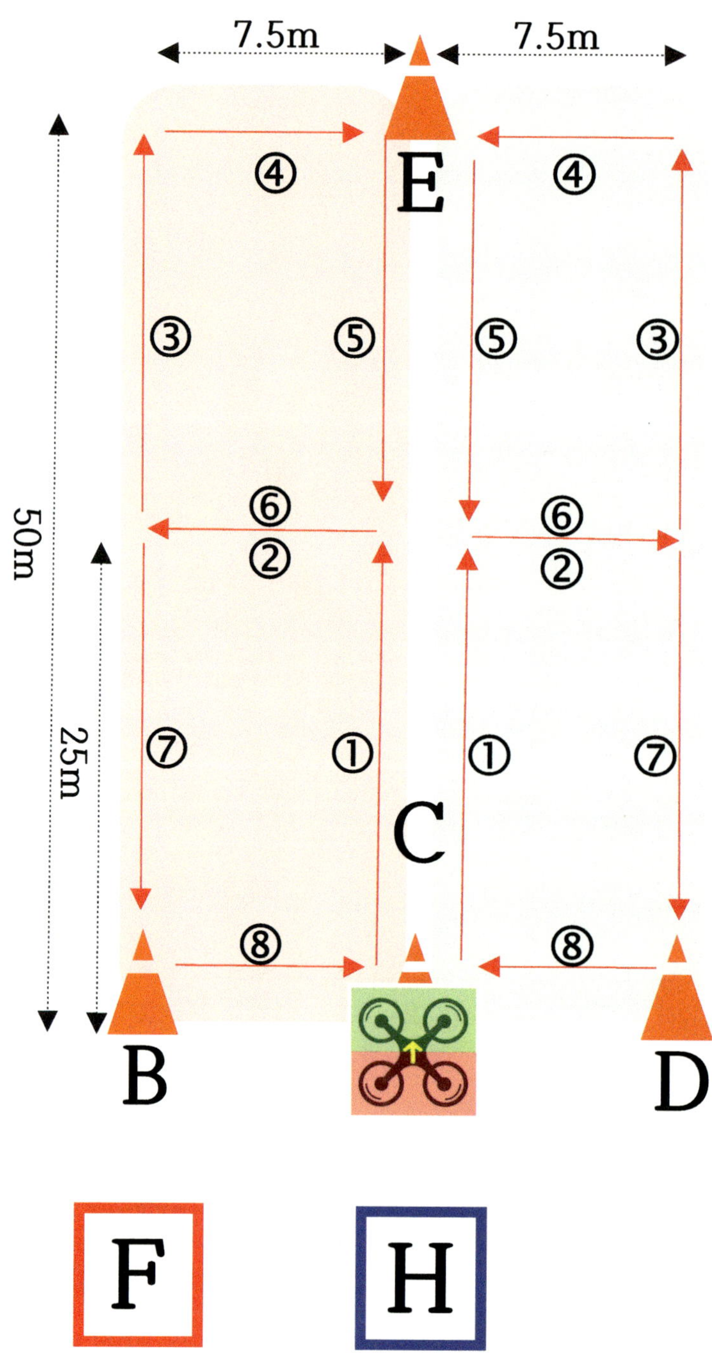

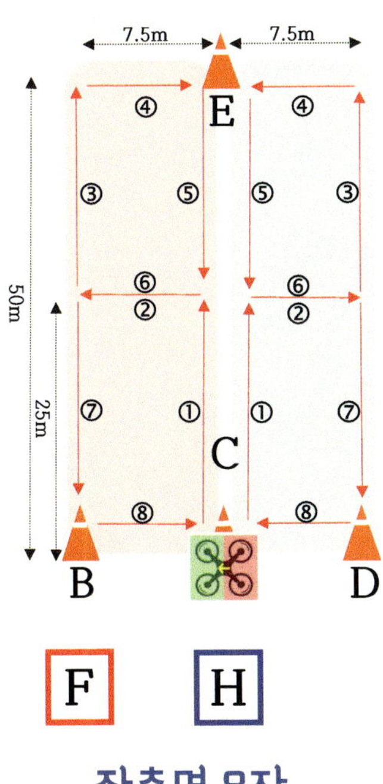

좌측면 8자

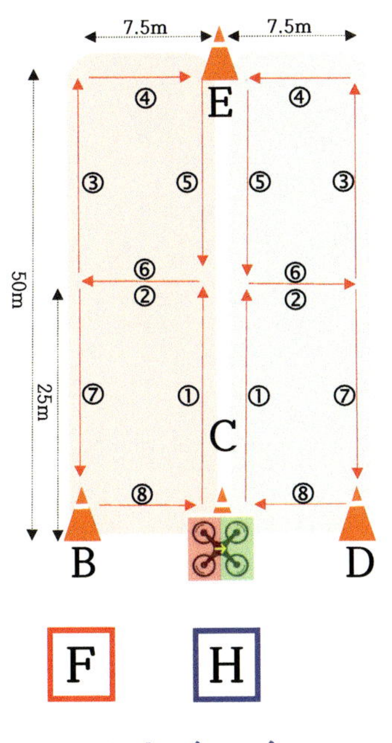

우측면 8자

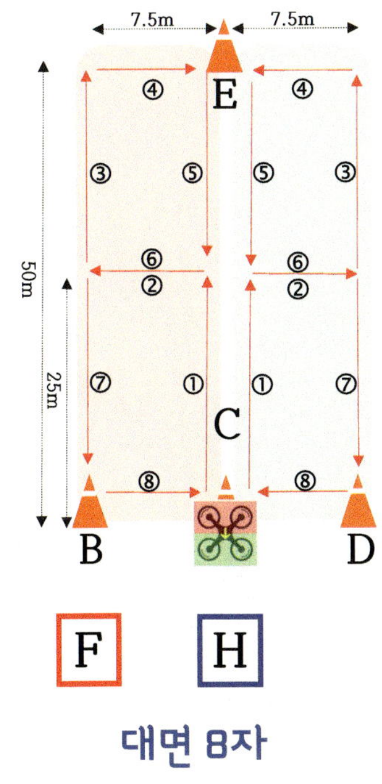

대면 8자

비행모드	자세모드 (Atti Mode)
난이도	★ ★ ★ ☆ ☆
비행목표	1. 정면 8자 비행 2. 좌측면 8자 비행 3. 우측면 8자 비행 4. 대면 8자 비행 정면　　좌측면　　우측면　　대면
유의사항	– 30M, 50M 지점 유지 – 직선 기동이 되도록 조작 – 기준고도 3~5m 유지

3. 마름모 비행(GPS Mode)

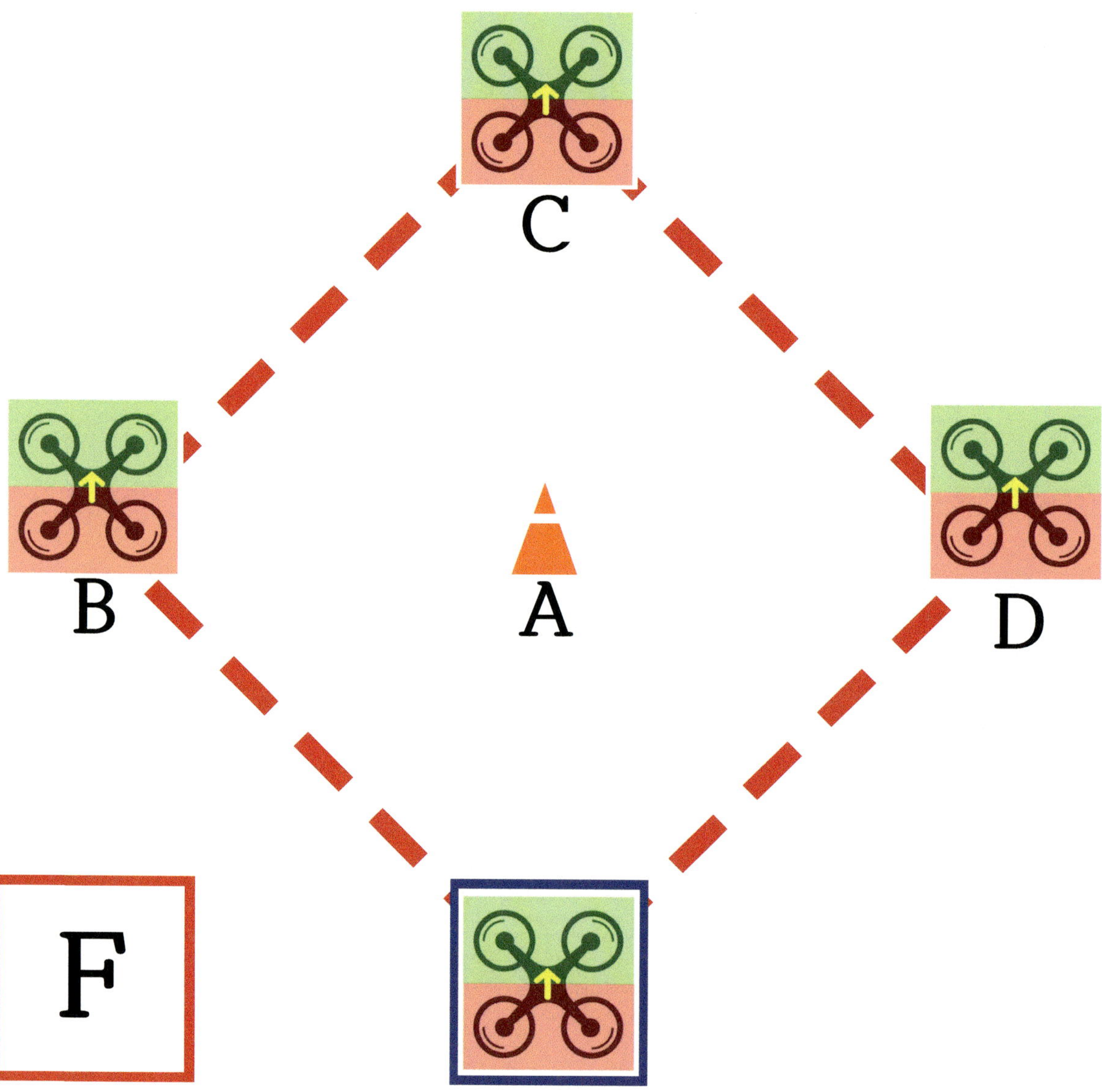

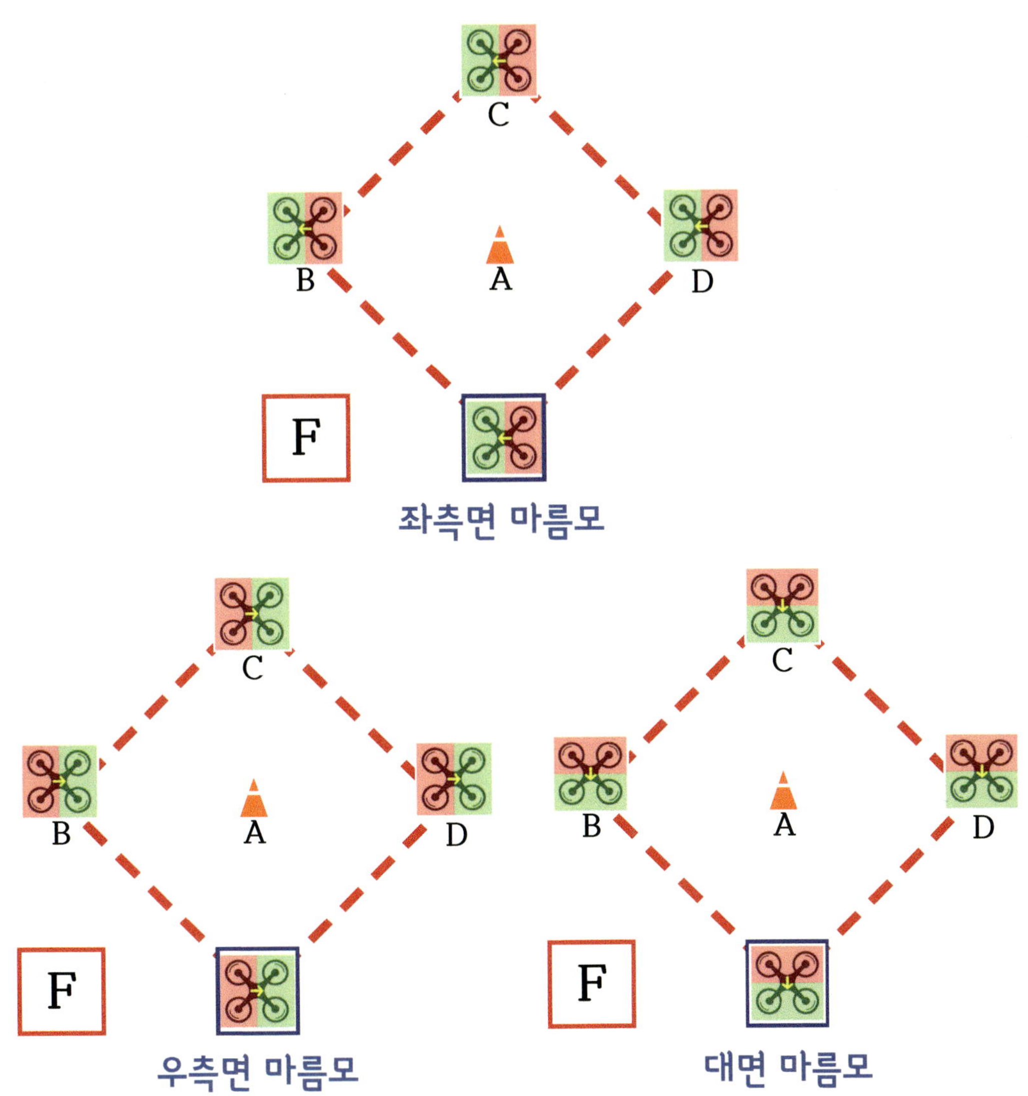

비행모드	GPS Mode			
난이도	★★★☆☆			
비행목표	1. 정면 마름모 비행 2. 좌측면 마름모 비행 3. 우측면 마름모 비행 4. 대면 마름모 비행	정면	좌측면	우측면	대면
유의사항	－ 시계방향, 반시계방향으로 각 1회씩 비행 － 직선 기동이 되도록 조작 － 기준고도 3~5m 유지			

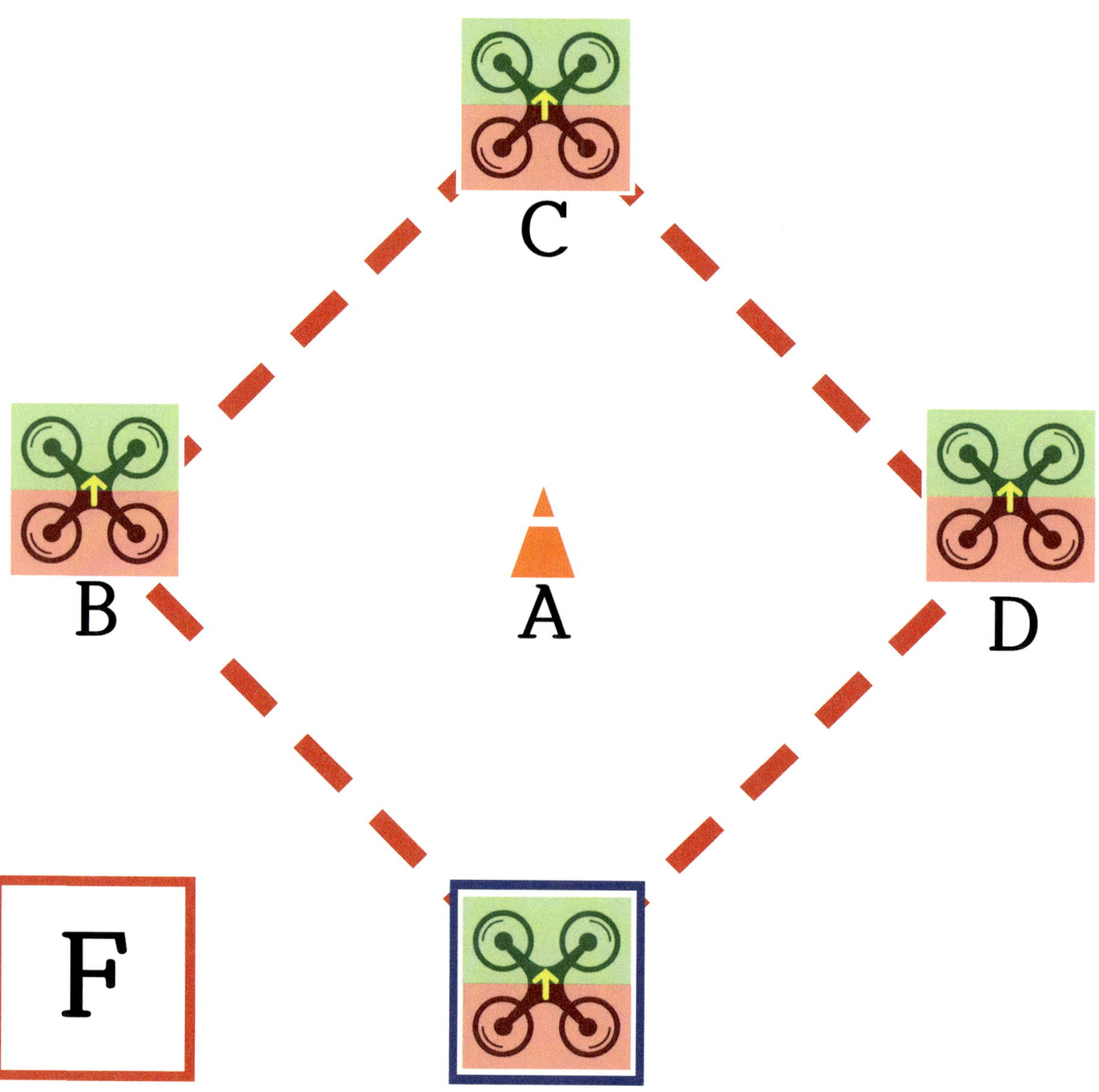

C
B
A
D
F

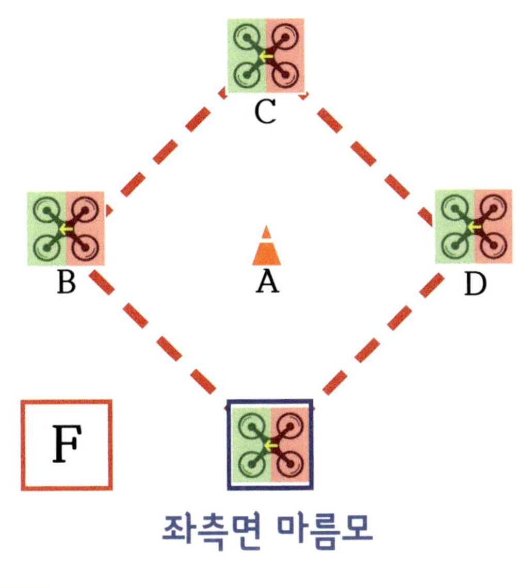

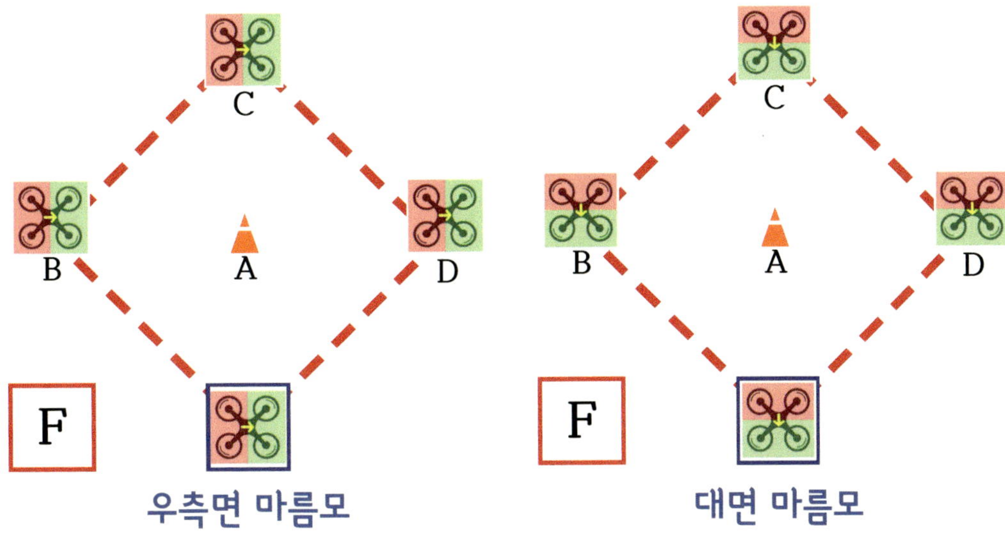

비행모드	자세모드 (Atti Mode)			
난이도	★ ★ ★ ★ ☆			
비행목표	1. 정면 마름모 비행 2. 좌측면 마름모 비행 3. 우측면 마름모 비행 4. 대면 마름모 비행	정면	좌측면	우측면	대면
유의사항	– 시계방향, 반시계방향으로 각 1회씩 비행 – 직선 기동이 되도록 조작 – 기준고도 3~5m 유지			

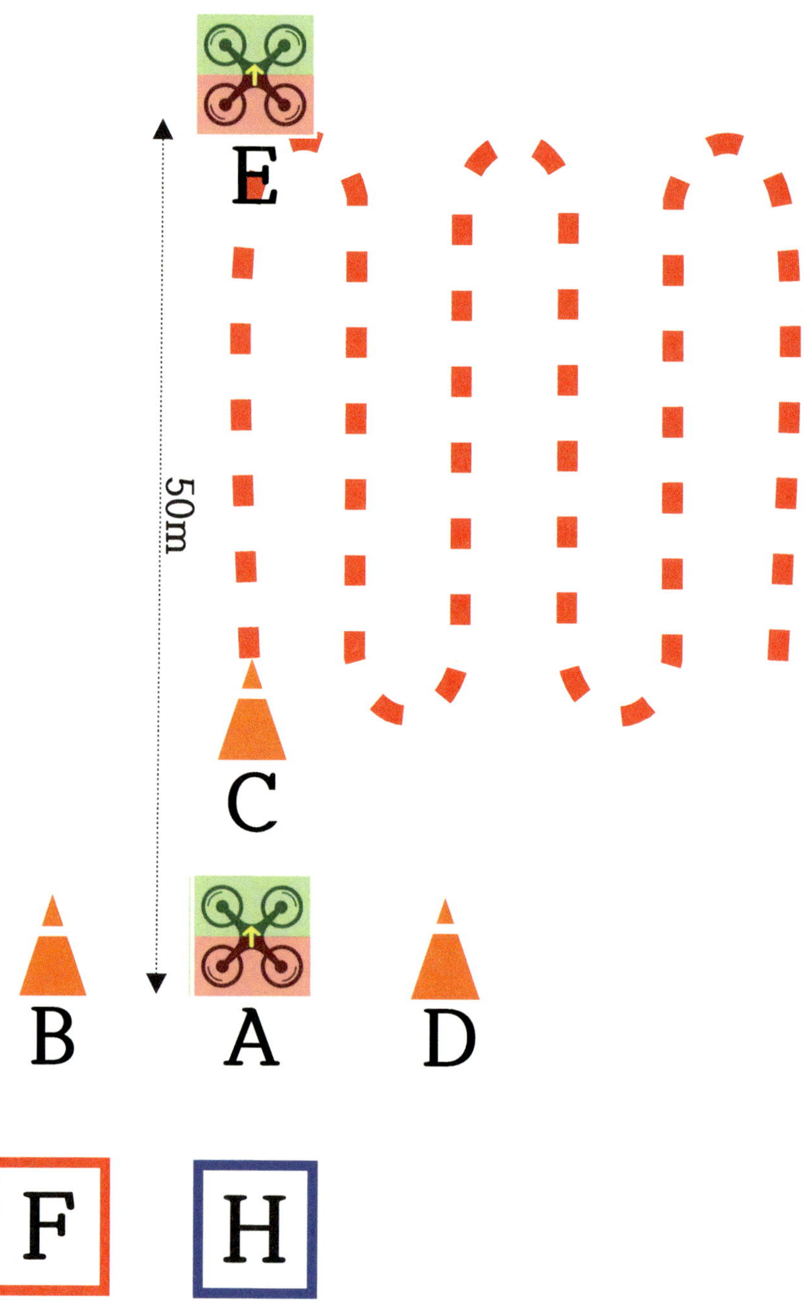

E
50m
C
B
A
D
F
H

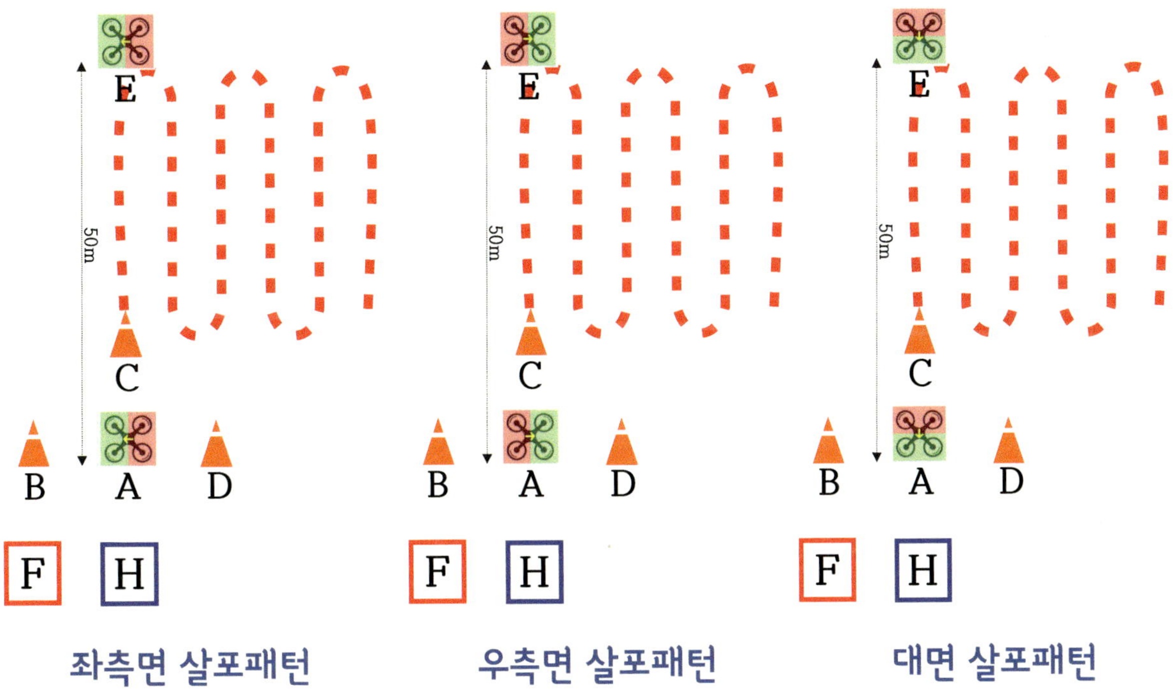

비행모드	자세모드 (Atti Mode)			
난이도	★ ★ ★ ★ ☆			
비행목표	1. 정면 마름모 비행 2. 좌측면 마름모 비행 3. 우측면 마름모 비행 4. 대면 마름모 비행	정면	좌측면	우측면	대면
유의사항	– 시계방향, 반시계방향으로 각 1회씩 비행 – 직선 기동이 되도록 조작 – 기준고도 3~5m 유지			

1 경력준비 및 등록절차

150시간 비행 경력 준비	비행 경력 증명	평가교관과정 이수 (공단 항공안전처)	평가지도조종자 등록 (공단 항공안전처)
개인별 비행 또는 교육원 교관반 과정 이수 시 병행	교관 과정과 동일	• **교육 신청** 공단에 신청 참조 **www.ts2020.kr** 실기평가과정) • 공단 항공안전처에서 분기별로 실시 • **교육일정** : 1~2 일	• 공단 항공시험처에서 심사 후 등록 • 등록 후 등록 공문 개별 발송

2 실기평가 지도조종자가 알아야 할 사항

① 실기평가 지도조종자란 (항공안전법 시행규칙 별표4-2, 2017. 7. 18)

만 20세 이상으로 항공안전법 시행규칙 제307조제2항제1호나목에 따른 무인멀티콥터 실기평가조종자 자격증명을 소지한 자로서 동 과정의 실기교육을 실시하는데 필요한 경험과 기량이 있는 자

② 갖추어야 할 능력

1. 교육원에서 교육훈련 후 자체 평가를 진행할 수 있는 능력

2. 지도조종자를 교육할 능력

3. 무인 멀티콥터의 발전을 위해 연구할 수 있는 능력

4. 무인 멀티콥터의 안전비행과 안전관리를 할 수 있는 능력

 1. 이륙비행(자세모드)

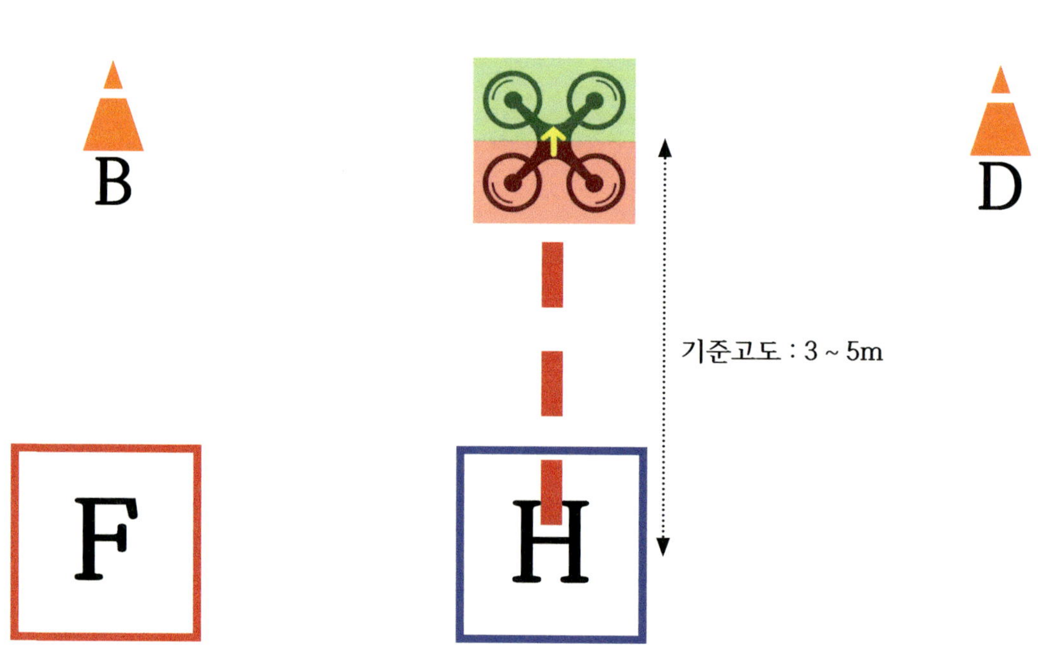

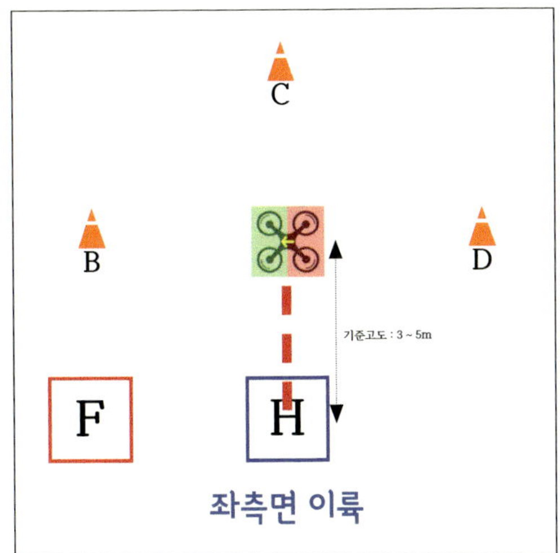

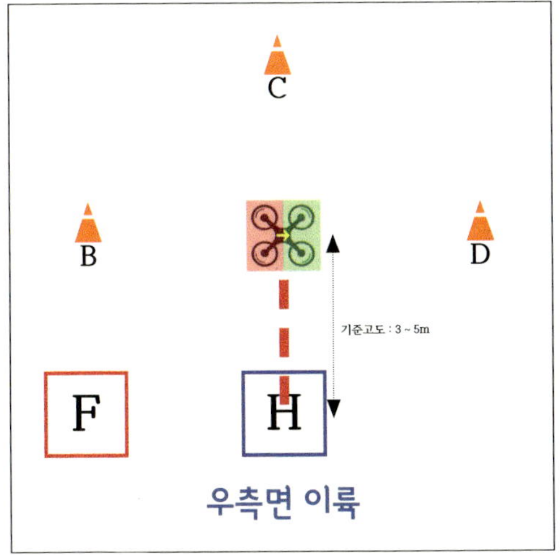

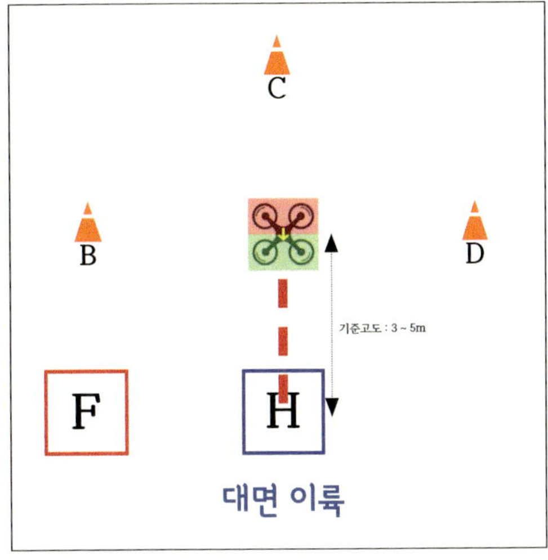

비행모드	자세모드 (Atti Mode)
난이도	★ ☆ ☆ ☆ ☆
비행목표	1. 정면자세 이륙 2. 좌측면 자세 접근 및 착륙 3. 우측면 자세 접근 및 착륙 4. 대면 자세 접근 및 착륙 정면 좌측면 우측면 대면
유의사항	– 유연하게 스로틀을 조작하여 일정한 속도로 상승 – 착륙장을 벗어나지 않도록 수직으로 상승 – 기준고도 3~5m 유지

※ 참고 : 이륙 정면비행(자세모드)은 실기평가조종자과정의 평가과목임(18.5.3~)

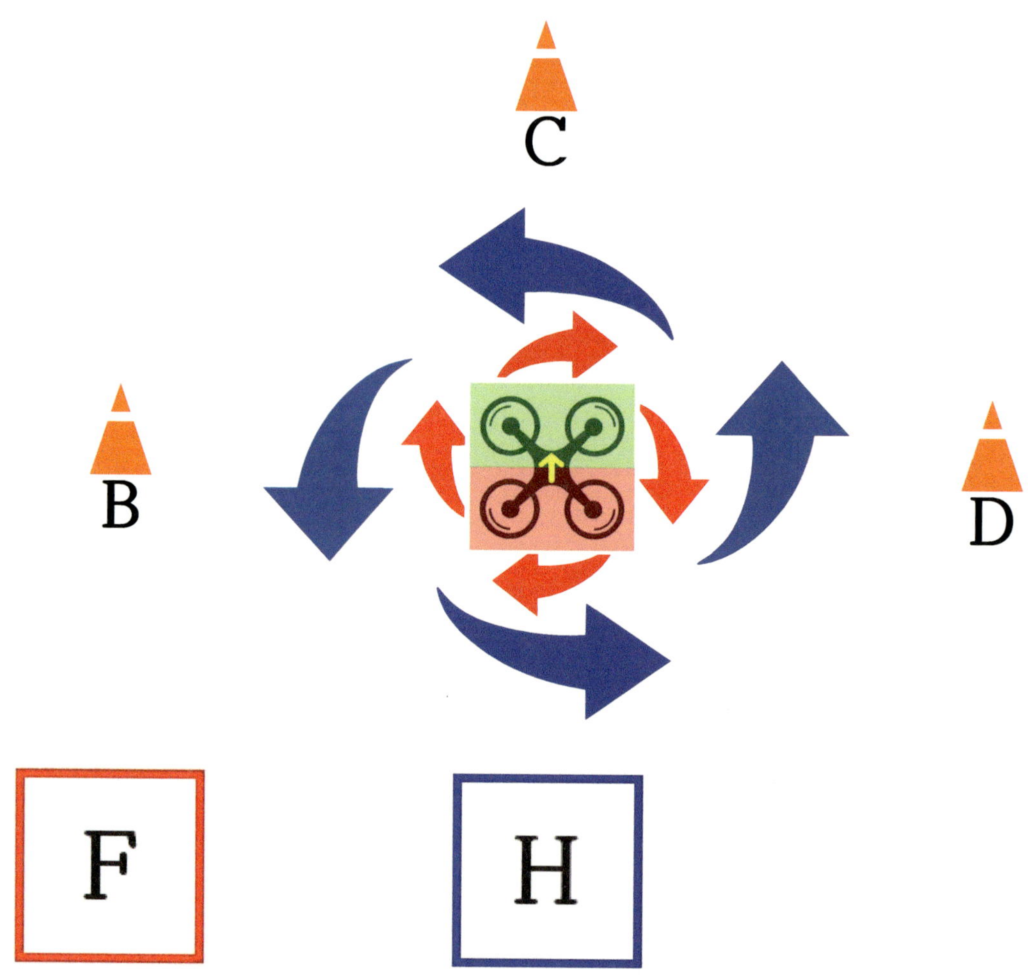

C
B
D
F
H

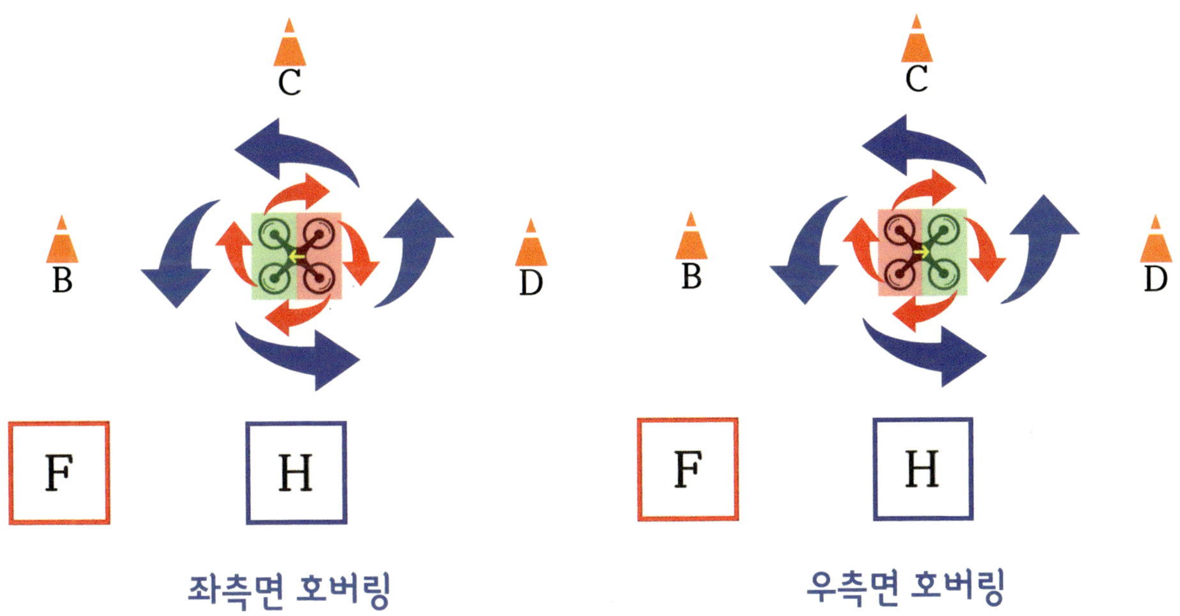

비행모드	자세모드 (Atti Mode)
난이도	★ ★ ☆ ☆ ☆
비행목표	1. 정면자세 호버링 2. 좌측면 자세 호버링룍 3. 우측면 자세 호버링 4. 좌/우측면 기수 전환 시 회전 방향을 시계방향, 반시계방향으로 각각 다르게 회전하며 실시한다.
유의사항	– 좌/우로 90도, 180도, 270도 끊어서 조작 – Yaw턴 중에 '호버링 위치'를 벗어나지 않도록 조작 (기체 중심이 A위치로부터 2m 이상 벗어나지 않도록 할 것) – 기준고도 3~5m 유지

※ 참고 : 호버링(자세모드) 정면비행(자세모드)은 실기평가조종자과정의 평가과목임(18.5.3~)

3. 직진 및 후진 수평비행(자세모드)

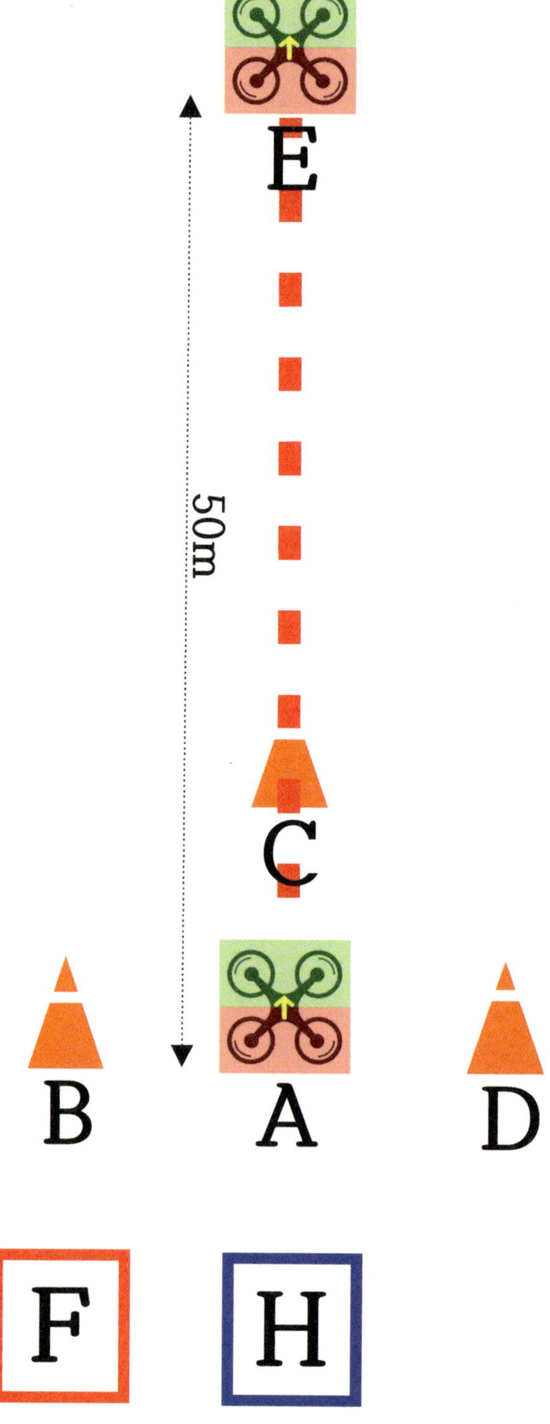

E
50m
C
B
A
D
F
H

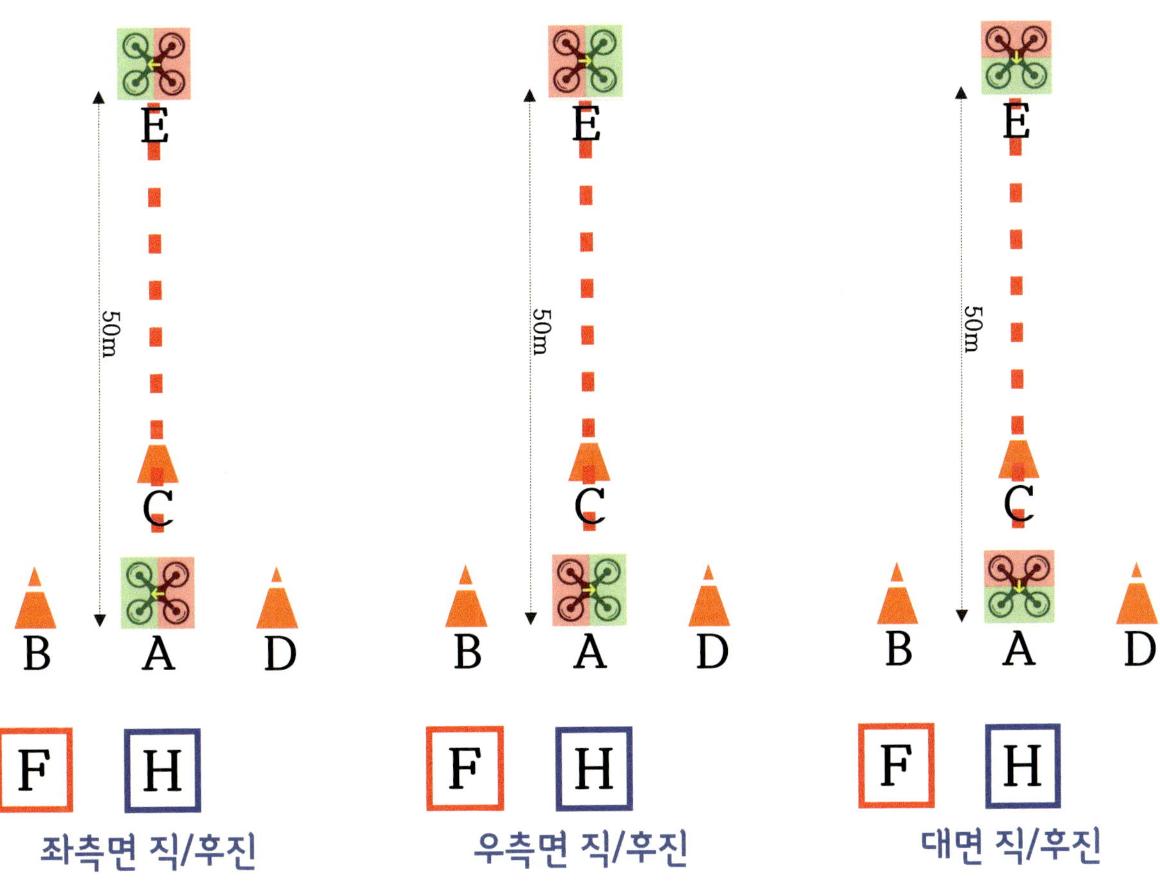

비행모드	자세모드 (Atti Mode)			
난이도	★ ★ ☆ ☆ ☆			
비행목표	1. 정면자세 직/후진 비행 2. 좌측면 자세 직/후진 비행 3. 우측면 자세 직/후진 비행 4. 대면 자세 직/후진 비행	정면	좌측면	우측면	대면
유의사항	– 직진/후진 속도는 일정하게 유지 – 50m지점 접근 시 직진 속도를 미리 감속 – 기준고도 유지			

※ **참고 : 직진, 후진 수평 정면비행(자세모드)은 실기평가조종자과정의 평가과목임(18.5.3~)**

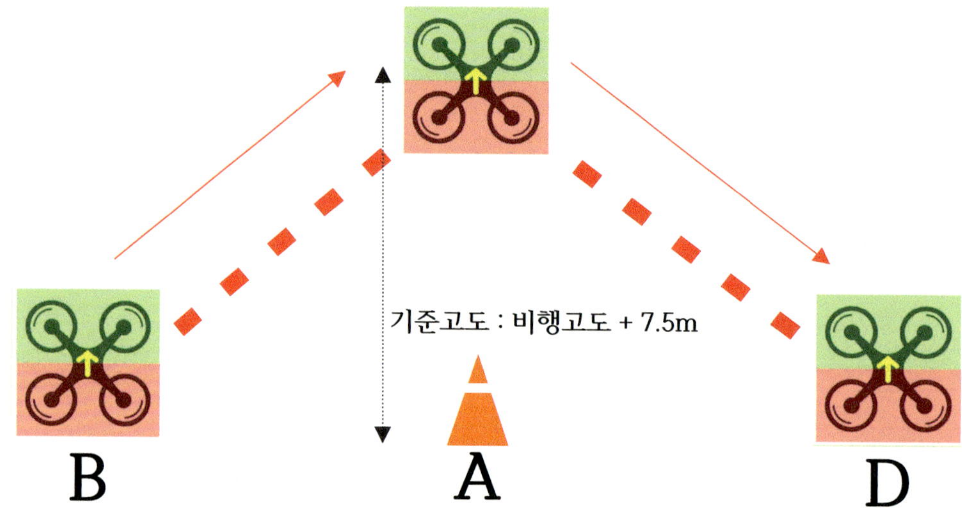

기준고도 : 비행고도 + 7.5m
B
A
D

F
H

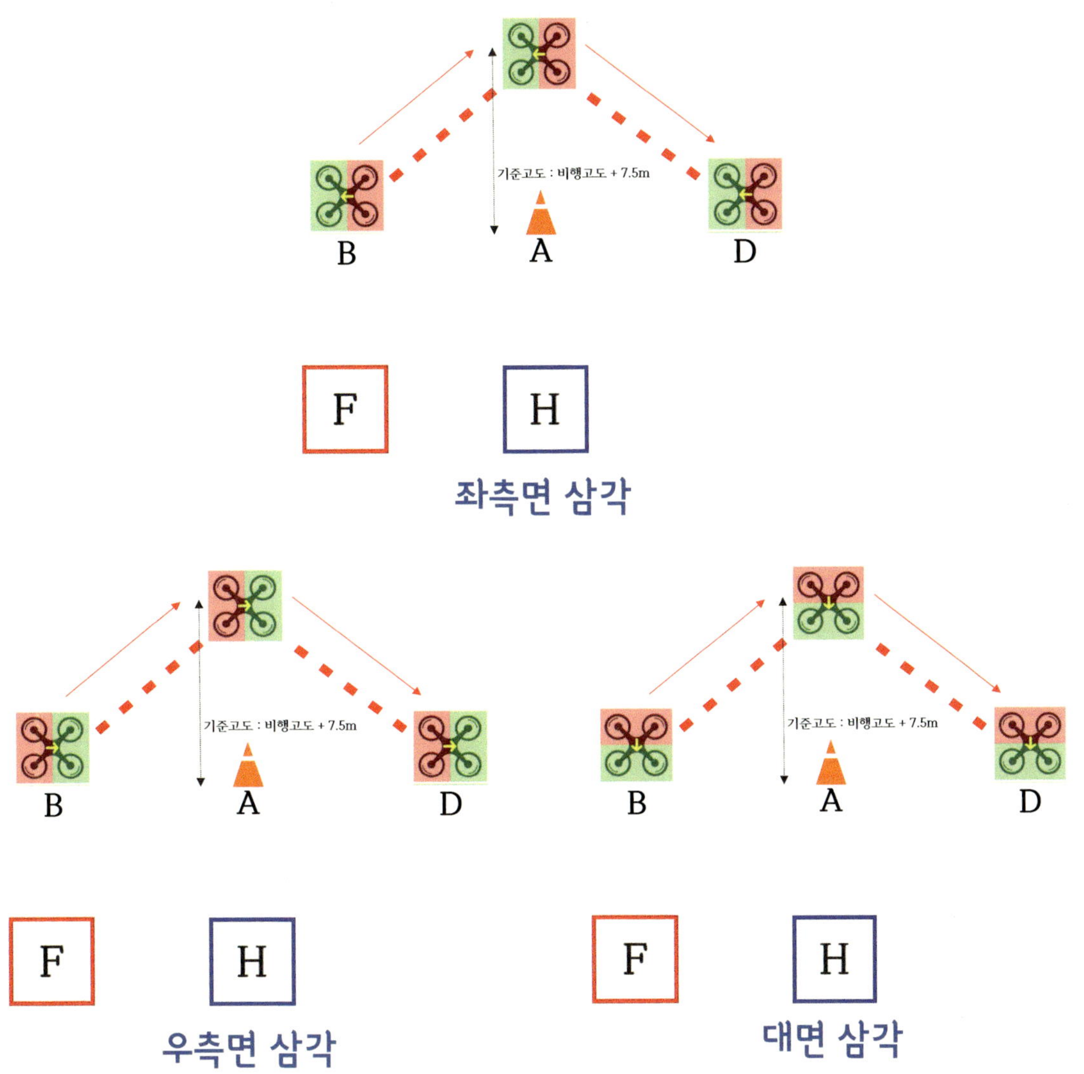

비행모드	자세모드 (Atti Mode)
난이도	★ ★ ★ ☆ ☆
비행목표	1. 정면자세 삼각비행 2. 좌측면 자세 삼각비행 3. 우측면 자세 삼각비행 4. 대면 자세 삼각비행 정면 좌측면 우측면 대면
유의사항	− 기동 시 기체가 기준위치를 벗어나지 않도록 주의 − '우(좌)로 상승', '우(좌)로 하강'시 기동이 가속되지 않도록 주의 − 정확한 상승고도(비행고도 + 7.5m) 유지

※ 참고 : 삼각 정면비행(자세모드)은 실기평가조종자과정의 평가과목임(18.5.3~)

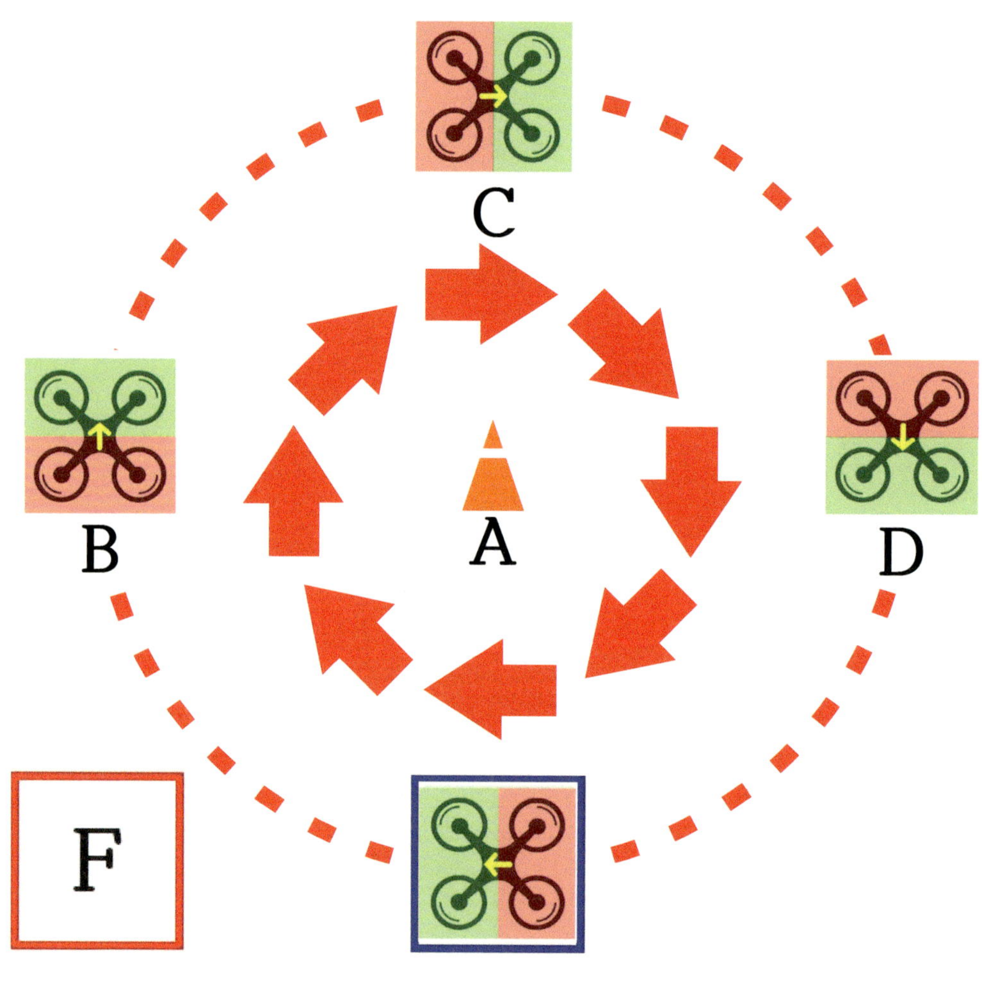

좌측면 자세 원주비행

※ 원주방향은 출발지 H상공에서 시계방향을 기준으로 한다.

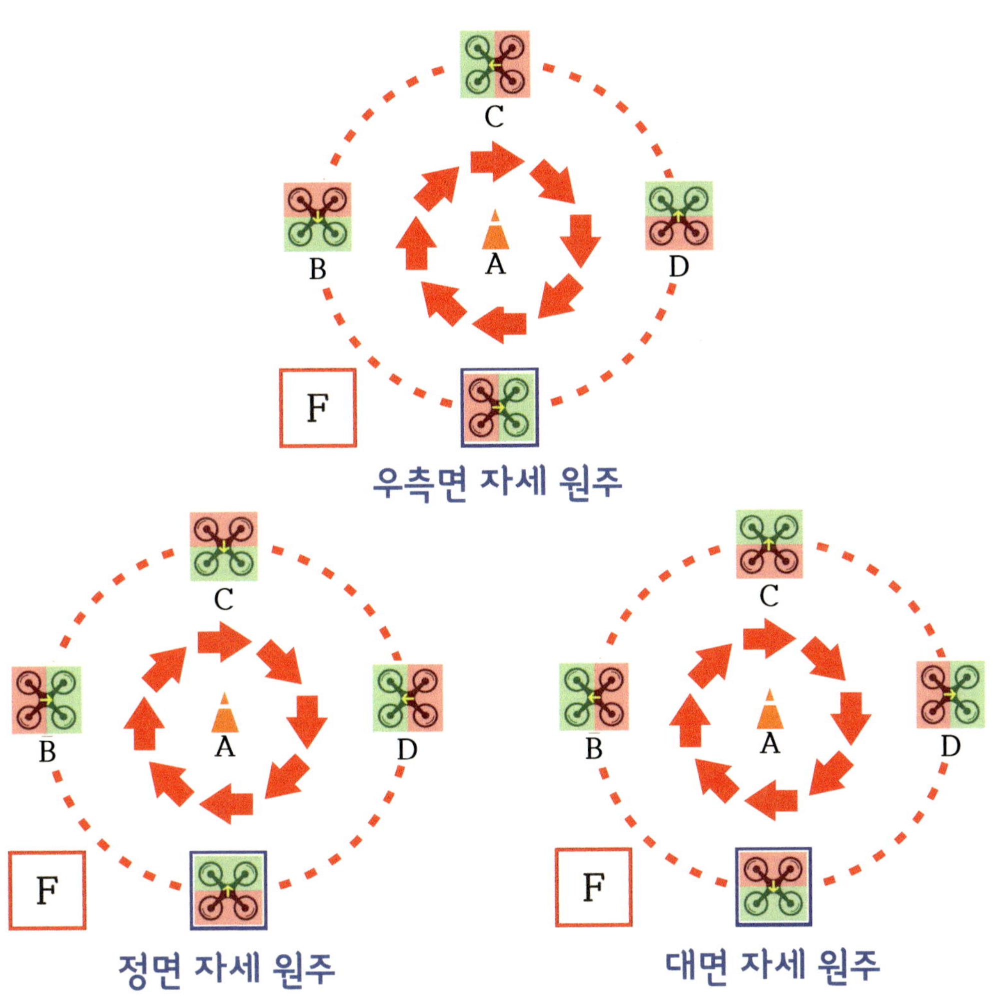

비행모드	자세모드 (Atti Mode)			
난이도	★★★★☆			
비행목표	1. 정면자세 원주비행 2. 좌측면 자세 원주비행 3. 우측면 자세 원주비행 4. 대면 자세 원주비행 5. 종합비행	정면	좌측면	우측면	대면 ※ 자세는 H상공 출발 직전의 방향임.
유의사항	– 시계방향, 반시계방향 각 1회씩 실시 – 전진 방향의 속도가 가속되지 않도록 주의 – 안전거리 15m 유지			

※ **참고 :** 원주비행(자세모드)은 좌측면 자세(시계방향 1회) 또는 우측면 자세(반시계방향 1회)가 실기평가조종사 과정의 평가항목임(18.5.3~)

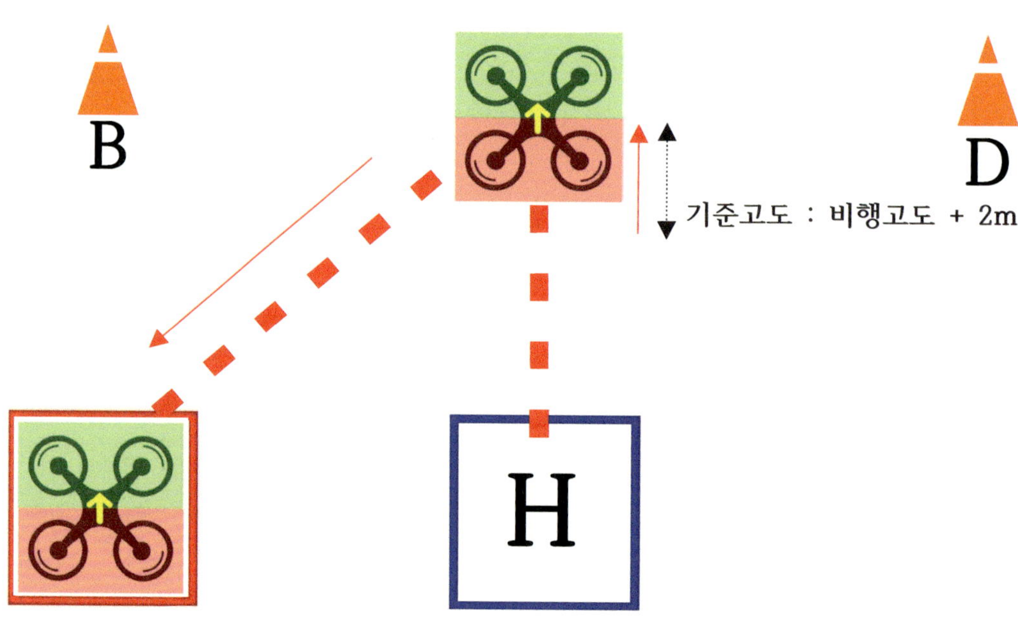
C
B
D
기준고도 : 비행고도 + 2m
H

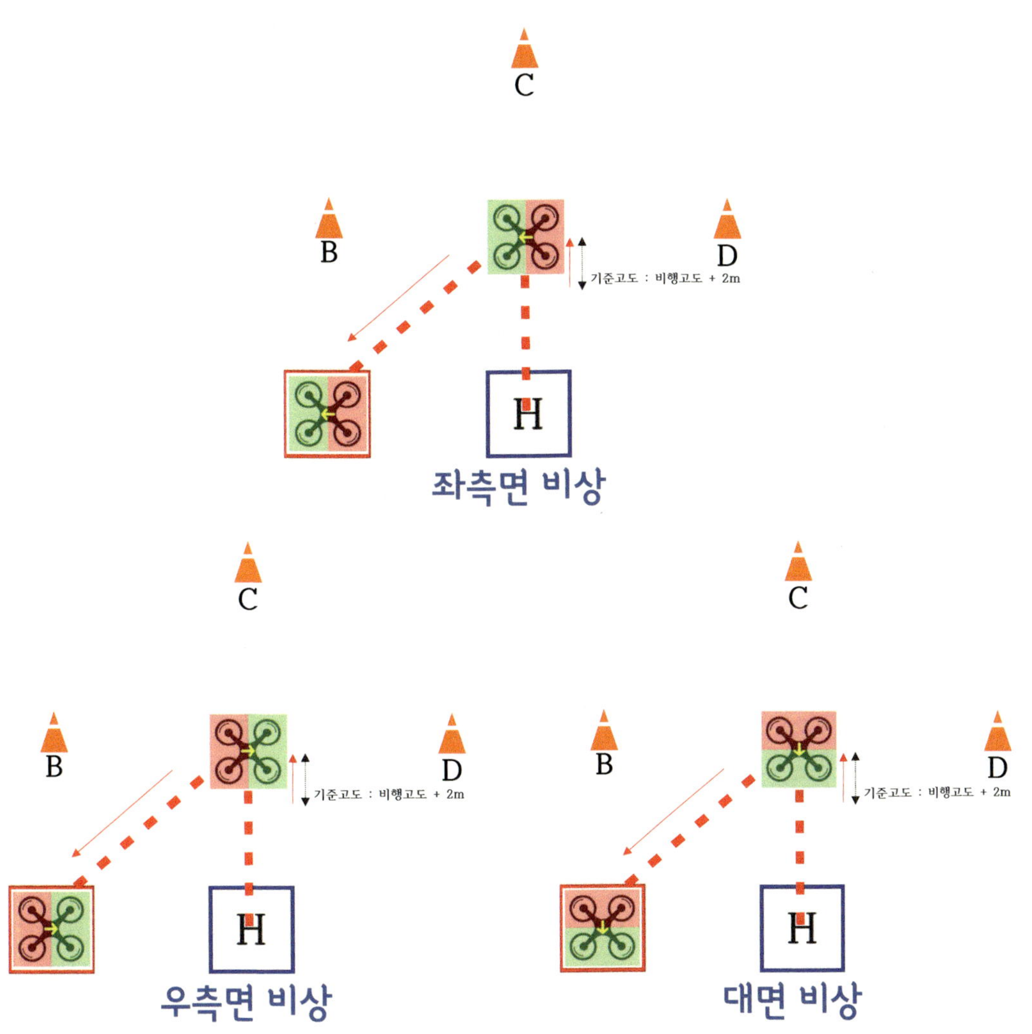

비행모드	자세모드 (Atti Mode)
난이도	★ ★ ★ ★ ☆
비행목표	1. 정면자세 비상조작 2. 좌측면 자세 비상조작 3. 우측면 자세 비상조작 4. 대면 자세 비상조작 정면 좌측면 우측면 대면
유의사항	– "비상"조작 시 비상착륙장 이동속도가 가속되지 않도록 주의 – 0.5m 이하 고도에서 잠시(2초) 멈추고 정지자세 잡은 뒤 착륙 – 안전거리 15m 유지

※ 참고 : 이륙 정면비행(자세모드)은 실기평가조종자과정의 평가과목임(18.5.3~)

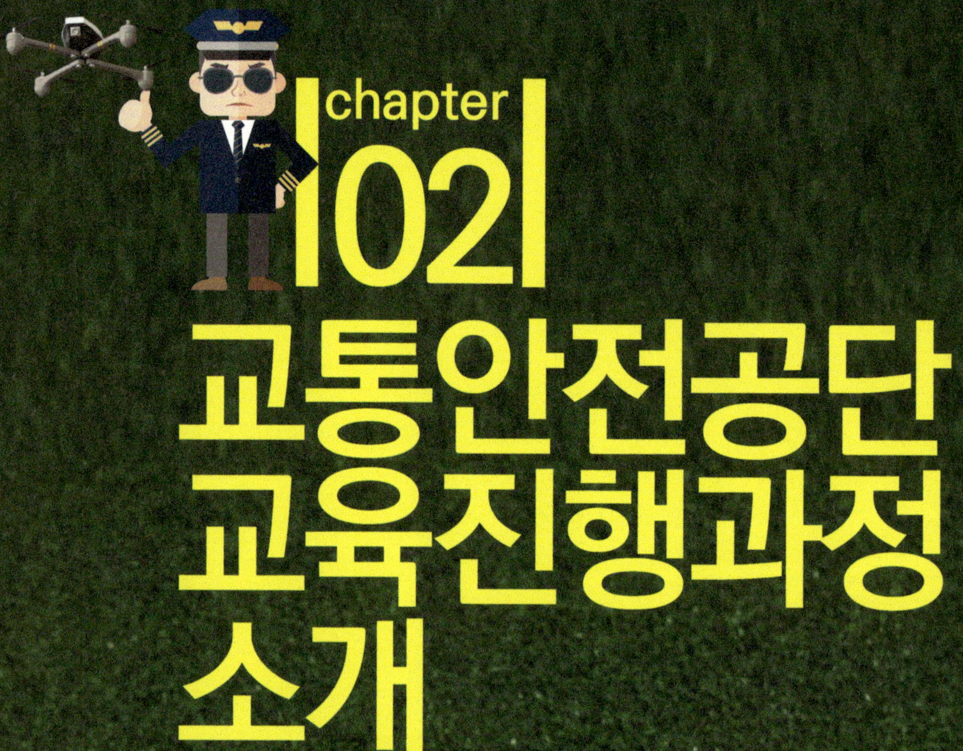

교통안전공단
교육진행과정
소개

1 지도조종자과정

1 운영근거

1. 항공안전법 시행규칙 제307조(초경량비행장치 조종자 전문교육기관 지정 등)
2. 초경량비행장치 자격증명 운영세칙 제9조의 2(지도조종자 등록 등)
   * 등록서류 : 등록신청서, 비행경력증명서 및 조종교육교관과정 이수증명서

2 교육운영기준

1. **입과대상 :** 만 20세 이상으로서 초경량비행장치 종류별 조종자증명 취득 및 일정
   비행시간 이상인자.(무인 멀티콥터 : 총 비행시간 100시간 이상)
2. **교육내용 :** 관계법령, 비행교수법 등 3일간 이론교육 및 평가시험.
3. **교육프로그램**(정책에 따라 일부 교육과목의 변동 가능)

교육과목	시간
교육과정안내(교육목표, 주의사항 등)	1
항공안전법과 정책동향	2
공역 및 항공안전	2
항공사업법	2
무인비행장치 안전관리 및 사고사례	2
무인항공기 인적요인	2
무인비행장치 산업 및 기술동향	2
프로펠러 및 기체운용	2
비행교수법	2
평가시험 및 수료	2

1 실기평가 지도조정사

1 배경

1. 항공법 시행규칙의 개정으로 초경량비행장치 지도조종자 및 실기평가 조종자의 등록 요건에 "교육과정 이수" 요건 추가('16. 10)되어 시행

2. 일정한 비행시간 확보에서 **일정한 비행시간 + 실기평가과정 이수로 변경.**

2 목적

초경량비행장치 실기교관 역량 제고를 통한 안전수준 함양

3 교육 방법

1. **교육유형** : 초경량비행장치 지도조종자 대상 **"조종 실습교육 및 평가"** 실시

2. **교육대상** : 지도조종자 중 단일기체(ex. 멀티콥터, 헬리콥터 등)의 비행경력 150 시간 이상이며, 전문교육기관 신규 설립을 희망하는 자

   * 신청요건 : 1) 만 20세 이상, 2) 지도조종자, 3) 단일기체 비행경력 150시간 이상

3. **제출서류** : 입과 신청서, 지도조종자 등록 알림 공문, 비행경력증명서(150시간 전체) 제출

4. **접수 일자** : 2018년 4월 26일(목), 13:00 시부터 상시접수(*제출서류 시스템 업로드)

5. **신청방법** : 항공교육훈련 포털(www.kaa.atims.kr)에서 수강신청

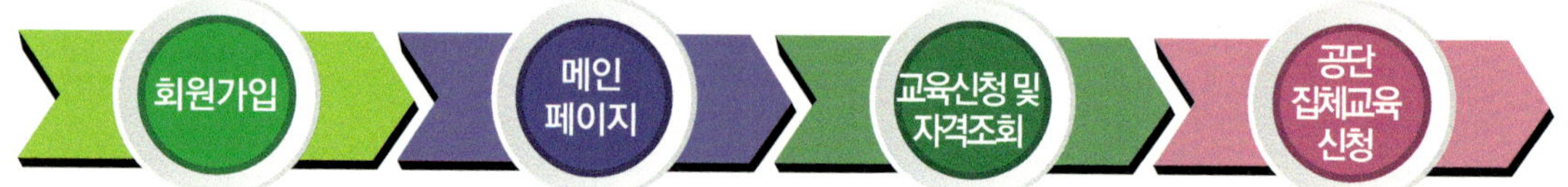

6. 수강확정 : 비행경력증명 등 제출서류 확인 후 수강신청자에게 개별 통보

7. 교육 일자 : 18년 5월 3일(목)부터 정기 시행
  * 첫 차수 이후 교육 대기자의 경우 대기 순번에 따라 순차적 교육시행(매달 3회 이상)

8. 교육인원 : 차수별 12명 [*Mode 구분에 따른 팀별(교관 1명당 4명) 교육]

9. 교육시간 : 1일 8시간(09:00~18:00)

10. 교육 장소 : 안전성을 고려하여 실습장 선정(매 기수별 상이)

11. 교육기체 : 조종능력 평가를 감안, 교육생 개별 지참
  * 항공안전법 제125조 제1항 및 같은 법 시행규칙 제306조 제1항 제4호에 따른 무인비행장
  치를 기준으로 하고, 교육생 기체준비가 어려운 경우 공단에서 섭외 • 제공

4 교육(연수) 중점내용

교육과목	교육내용	교육시간
❶ 항공안전법	전문교육기관 인가기준 및 정책동향	1시간
❷ 조종실습	팀별 기체 조종실습 및 평가결과 토의: 교육생별 기체조종 및 모의평가 (교육생 1명 비행, 교육생 3명 모의평가.토의)	4시간
❸ 비행교수법	실기시험 평가기준 및 요령	1시간
❹ 실기평가	교육생 조종능력 평가	2시간

❶ 항공안전법 : 실내 학과 교육장에서 간단한 OT와 전문교육기관 인가기준 및 정책
동향, Q&A를 진행한다.

❷ 조종실습

  1) 조종법 Mode1, 2에 따라 교관 한 명과 교육생 네 명으로(1:4) 3개조 편성하여 조종실습을 진행한다.

  2) 교관은 실기시험 세부 평가기준 및 요령에 대해 설명과 토의를 진행한다.

  3) 교육생 1명이 비행 시 그 교육생을 대상으로 3명이 모의평가를 실시하여 평가 결과를 토의한다.

  4) 교관은 그 평가 자체에 대하여 강평을 실시한다.

  5) 오전, 오후로 나누어서 2회에 걸쳐 자체평가와 토의, 강평을 진행한다.

❸ 비행교수법 : 실기평가 지도조종사로서 갖추어야 할 소양, 안전관리, 기타사항을 교육한다.

❹ 실기평가 : 교육생의 조종능력을 평가한다. 세부내용은 아래와 같다.

❺ 실기비행 평가

구분	조종능력 평가 세부내용
평가기동	**- ATTI 모드 기준** 1) 이륙비행, 2) 공중정지(호버링), 3) 직진 및 후진 수평 비행, 4) 삼각비행, 5) 원주비행, 6) 비상착륙 "총 6개 기동"
평가산정	**- 교관(실기위원) 3인이 평가(정면 1명, 측면 1명, 후면 1명)** * 조종능력 평가 등 미수료시 해당 교육과정 재입과

❻ 수료기준

수료기준 : 출석 90% 이상, 조종능력 평가 "만족(S등급)" 취득

memo

시험 준비

1 지도조종자과정

1. 입교 전

과정 입교를 하면 종합교재를 분배하고 그 교재를 중심으로 교육 후 강의한 내용에서 평가를 실시하므로 입교 전 사전 준비단계에서는 아래 내용을 몇 번 읽어보면 좋다.

1) 법령 : 항공안전법(시행령, 시행규칙포함), 항공사업법(시행령, 시행규칙 포함)의 관련 용어와 초경량비행장치 부분 이해
2) 안전관리, 기체 운용방법, 비행교수법에 대한 상식적인 내용 이해
3) 교통안전공단 세칙을 꼭 읽어보고 입교한다.
4) 멀티콥터 기체 구조 및 장치의 원리에 대해 이해

2. 입교 후 교육과정

1) 강사들의 교육내용을 잘 듣고 이해하며 중요사항에 대하여 필히 이해
2) 평가 전 중요사항을 점검하여 평가에 대비

2 실기평가 지도조종자과정

1. 입교 전

1) 교통안전공단의 세칙을 꼭 읽어보고 입교한다.
2) 평가 방법을 이해한다.
3) 실 비행평가를 위해 아래의 비행방법에 대하여 집중 훈련한다.

- **ATTI 모드기준**
  1. 이륙비행
  2. 공중정지(호버링)
  3. 직진 및 후진 수평 비행
  4. 삼각비행
  5. 원주비행
  6. 비상착륙 등 "총 6개 기동"

2. 입교 후 교육과정

1) 평가방법 이해
2) 다른 기종의 교육방법 이해
3) 본인 기체에 대한 비행평가

04
비행 교수법

1 교수 학습의 본질

1. 교수의 정의

본래 인간은 자연적인 상태 그대로 두어도 어느 정도의 학습은 이루어 질 수 있다. 즉 인간이 일상생활을 통하여 보고, 듣고, 느낀 것을 통해 습득한 지식이나, 기능, 태도, 행동양식 등은 다양하게 변하기 때문에 학습자가 올바른 행동변화를 가질 수 있도록 효율적인 학습지도가 필요하다. 따라서 교수란 『학습자에게 수업의 결과나 행동 양식이 바람직한 방향으로 변화하도록 학습과정을 안내하고 통제하며 발전시켜 가능 행위』라고 할 수 있다. 그래서 지도조종자(교관), 학생 그리고 교육내용이 상호연관이 있으며 공감대가 형성되어야 그것이 진정한 교수 즉 가르치는 것이 되는 것이다.

2. 학습의 정의

학습이란 경험이나 연습의 결과로써 일어나는 비교적 영속적인 행동의 변화를 말한다. 그래서 교육생(학생)들은 바람직하고 진보적인 행동의 변화를 위하여 학교 또는 교육원에 가는 것이고 학교나 교육원은 가치 있고 효과적인 학습을 위하여 그 기능을 다 하는 것이다. 이러한 학습활동을 통해서 교육생(학생)들은 인생에 필요한 많은 것을 배우게 되고, 하나의 훌륭한 인간으로 성장하게 된다. 학습은 교육에 있어서 핵심이 되는 중요한 요소이다.

3. 교수와 학습과의 관계

교수활동과 학습활동이 이루어지는 현상을 교육활동이라고 한다. 이러한 교육활동은 학습자에게 기대하는 방향으로의 행동변화를 위해 계획된 경험과 연습을 제공하게 되며, 교수자와 학습자의 상호작용에 의해 이루어진다. 교육활동의 궁극적인 목적은 학습자의 학습요구와 학습장애 요소를 종합적으로 분석하여 그 결과에 대한 적절한 처방이 이루어져야 한다. 즉 학습자의 특성을 고려한 교수활동이 이루어질 때 바람직한 학습결과를 기대할 수 있다. 학습자의 특성을 고려한 바람직한 교수활동의 특징으로는 **첫째,** 학습자는 목적을 추구하는 유기체로써 교수목표의 명확성과 일관성이 유지되는 수업이어야 한다. **둘째,** 학습자는 통합된 전인적인 존재로서 민주적인 인간관계를 유지하는 수업이어야 한다. 민주적인 인간관계가 유지되는 수업에서는 학습자의 지적, 정서적, 사회적, 신체적 발달이 조화있게 이루어지기 때문이다. **셋째,** 학습자는 활동적이고 탐구적인 존재이므로 탐구하는 태도를 중시하는 수업이어야 한다. **넷째,** 학습자는 탐구적인 존재이므로 학습결과의 정착을 중시하는 수업이어야 한다. **다섯째,** 학습자는 통합된 유기체로서 동시학습을 수행하게 되므로 학습의 전이력을 높여주는 수업이어야 한다. **여섯째,** 학습자는 지적능력, 성격, 흥미 등의 다양한 심리적 특성 면에서 개인차를 나타내므로 학습자의 개인차에 알맞은 수업이 이루어져야 한다.

따라서 교수자의 교수활동과 학생의 학습활동간의 상호관계를 현상적, 구조적으로 파악하여 학생이 바람직한 학습효과를 얻을 수 있는 제반요인과 관계를 규명하고, 이를 기초로 효과적인 교수방법을 체득하는 것이 중요하다.

4. 학습의 법칙

에드워드 엘 쎈다이크 교수의 처음 세 가지 법칙(준비성의 법칙, 연습의 법칙, 효과의 법칙)은 기본적인 것이라고 할 수 있으며, 그다음의 세 가지 법칙(최초의 법칙, 실물모형의 법칙, 최근의 법칙)은 실험 연구결과가 추가된 법칙이다.

1) 준비성의 법칙

각 개인은 학습할 수 있는 준비가 되어 있을 때 가장 잘 배울 수 있다. 그리고 배울만한 아무런 이유도 찾지 못했다면 많은 것을 배우지 못한다. 학생들로 하여금 학습준비를 하도록 하는 것은 대개 교수(교관)의 책임이다. 만약 교육생이 강한 목적의식과 명확한 목표 그리고 어떤 것을 배우는 데 대한 잘 정돈된 이유를 가지고 있다면 학생(교육생)들의 동기가 부족할 때 보다 훨씬 더 많은 발전을 가져올 수 있다. 준비성을 갖고자 하는 외골수적인 생각과 열정의 정도를 함께 포함한다. 학생들이 학습할 수 있는 준비가 되어 있을 때 그들은 교수(교관)의 교육에 최소한 반 정도는 충족된 상태이며 이것은 교수(교관)의 할 일을 덜어준다.

2) 연습의 법칙

이 법칙은 가장 많이 반복된 것은 가장 잘 기억된다는 것이다. 이것은 연습과 훈련의 기본이다. 인간의 기억력이 전혀 오류가 없는 것은 아니다. 정신력은 파지하고 평가하고 새로운 개념을 적용하거나 한 번의 시범으로 연습하기에는 제한이 있다. 학생들은 한 번의 공장실습을 통하여 용접하는 법을 배울 수 없고 한 번의 교육으로 측풍 착륙을 실시하지 못한다. 매 실습이 이루어질 때마다 학습은 계속되는 것이다. 따라서 지도조종자(교관)는 학생들이 연습하거나 반복할 수 있는 기회를 제공해야 한다. 그러면 이러한 과정이 목표로 가는 방향임을 알 수 있다.

3) 효과의 법칙

이 법칙은 교육생의 감정적 반응에 기초를 두고 있다. 이 법칙에 의하면 학습은 기분이 좋거나 만족스러운 감정이 수반될 때 증가할 수 있고 불쾌한 감정과 연관 지어질 때 학습은 부진하게 된다. 패배, 신경질, 분노, 혼돈이나 무익하다는 감정을 유발하는 경험은 학생들에게 불쾌한 것이다. 예를 들어 지도조종자(교관)가 처음으로 교육생들을 지도할 때 처음으로 가르친다는 심리적 부담을 가질 경우 지도조종자(교관) 자신도 불안한 상태에 놓일 수 있다. 이런 감정이 있을 때 교육생을 가르친다면 교육의 효과는 떨어질 것이 자명하다. 따라서 지도조종자(교관)는 사전 준비를 철저히 하여 이런 감정이 최소화되도록 스스로 노력해야 한다.

4) 최초의 법칙

최초에 배운 것은 학생들에게 강한 인상을 주게 된다. 따라서 지도조종자(교관)가 가르치는 것은 정확하고 사실(Truth)이어야 한다. 또한, 교육생은 처음부터 바르게 시작해야 한다. 예컨대 컴퓨터 자판을 배우는 사람이 처음에 열 손가락을 쓰지 않고 두 손가락만을 사용했다면 나중에 이 습관을 고치려고 할 때는 많은 어려움을 겪게 된다. 그러므로 교육생이 얻게 되는 최초의 경험은 긍정적이고 능률적이어야 하며 처음부터 바르게 시작해야 한다.

5) 최근의 법칙

모든 교육이 다 마찬가지겠지만 최근에 배운 것은 대부분 잘 기억된다는 것이다. 지도조종자(교관)가 강의 후 중점요약을 하는 것은 이 법칙에 근거한 것이며, 조종교육도 훈련 종료 전에는 반드시 처음 내용부터 중요한 내용은 재 요약하여 훈련 시 포함해야 할 비행이론, 조작방법들을 이해하도록 재정립해 주어야 한다.

이상의 학습의 법칙은 개별법칙 하나만으로도 교육의 효과를 증진 시킬 수 있고 때로는 몇 가지 법칙이 모여서 그 성과를 가져올 수 도 있다. 따라서 지도조종자(교관)는 학습의 법칙을 이해하고 학습의 동기부여, 참여의식, 개인차 등을 고려하여 효율적인 교육이 이루어지도록 하는 것이 매우 중요하다.

5. 학습동기 조성방법

1) 필요성 제시

지도조종자(교관)는 교육 직전에 교육생들에게 이 과목은 왜 배워야 하고 앞으로 어디에 어떻게 사용된다는 필요성을 제시하여 교육생(학생)들 자신이 과목을 배우려는 의욕을 북돋아 주어야 한다. 따라서 교육생(학생)들에게 이 과목은 실무부서 근무에 어떠한 도움을 주고 현장에 나아가서 어떠한 이점이 있다는 등 다른 조건과 연관시켜서 과목을 설명해 주는 것은 과목에 대한 동기의 조성과 필요성을 제시하는 방법의 하나가 된다.

2) 학습의 의욕 증진

지도조종자(교관)는 교육 직전에 교육생들 각자에게 학습 결과에 대한 책임은 자기 자신에게 있다는 사실을 이해시켜 교육생들 자신이 스스로 노력할 수 있는 동기를 조성해 주어야 한다. 만약 교육생들이 배우고 싶어 하는 생각 없이 학습에 임한다면 시간만 낭비하는 결과를 초래하고 학습에 대한 효과는 감소된다. 그러므로 지도조종자(교관)는 정신적으로나 육체적으로 온 정력을 집중하여 교육생들이 과목에 집중할 수 있도록 학습의 효과를 자주 파악하여야 한다.

3) 흥미 유지

지도조종자(교관)는 교육생들이 학습에 대한 열의를 집중시키고 흥미를 계속 유지시키기 위하여 흥미있는 교육을 실시하여야 한다.

4) 조기 성공격려

자기가 이미 배운 사항이나 하고자 하는 일이 예상보다 달리 성공하면 자신감을 갖게 되고, 기쁨과 만족감을 느끼게 되므로 교육생들은 더 많은 학습을 하려고 노력하는 좋은 동기가 조성된다. 그러므로 지도조종자(교관)는 최초 단계에서는 교육생들이 쉽게 풀 수(성공) 있는 일을 계획하여 흥미 있는 분위기 속에서 학습을 할 수 있게 하여야 한다.

5) 인정 및 칭찬

사람은 누구나 잘한 일에 대하여 인정과 칭찬을 받고자 하는 심리적인 욕구를 가지고 있다. 그러므로 지도조종자(교관)는 교육생들이 내용을 쉽게 이해하거나 어떠한 문제를 해결했을 때는 인정과 칭찬을 해주어 그들이 기쁨과 만족감을 갖게 함으로써 교육생들은 동기를 계속적으로 유지하게 된다. 또한 지도조종자(교관)는 학생들이 만족스럽지 못한 일을 하더라도 좋은 점을 골라 칭찬해 주고 잘못된 점에 대해서는 자극적인 언급을 피하고 가볍게 타일러 주어 교육생(학생)들이 학습에 적극적으로 참여할 수 있도록 해야 한다.

6) 감정 조절

감정은 학습에 영향을 준다. 그러므로 지도조종자(교관)는 분개하거나 흥분한 상태 등 좋지 않은 감정을 가지고 교육에 임하여 교육생(학생)들에게 불안한 마음을 주어서는 안 되며 교육생(학생)들이 안정되고 좋은 분위기 속에서 학습에 열중할 수 있도록 항시 노력해야 한다.

7) 경쟁 의욕 고취

우호적인 경쟁은 학습에 자극을 준다. 사람은 누구나 남에게 지지 않으려는 경쟁심을 가지고 있기 때문에 지도조종자(교관)는 이와 같은 심리를 잘 이용하여 학습을 효과적으로 유도하여야 한다. 지도조종자(교관)는 조 편성을 2개 또는 그 이상의 조로 편성하여 상호 발표하게 하여 조별 협동심을 기르고 독창성과 용기를 갖게 하여야 한다. 경쟁방법을 잘못 이용한다면 극히 이기적이고 질투심을 가져오는 나쁜 점도 있으므로 가능한 한 개인 경쟁을 지양하고 우호적인 단체경쟁 방법으로 동기를 조성해야 한다.

8) 상벌방법 적용

포상은 교육생(학생) 자신이 스스로 학습케 하는 좋은 방법이므로 잘하는 교육생(학생)에게는 포상의 특혜를 주어 누구나 잘 하려고 노력하게 해야 한다. 그러나 잘못하는 교육생(학생)에게 너무 가혹한 처벌방법을 적용하면 오히려 분개하고 반감을 사게 되어 학습을 실패할 우려가 있으므로 지도조종자(교관)는 상벌 방법을 기술적으로 적용해야 한다.

6. 비행교육의 특성

기본적으로 비행은 주의력을 분배시켜 3차원의 공간에서 외부환경, 내부의 수많은 계기가 지시하는 내용 등 다양한 정보들을 동시에 파악하고, 이를 바탕으로 신속히 판단하여 조종을 실시하는 것이다. 따라서, 일반적인 지식을 함양시키는 학과 교육의 교수방법과는 다르며, 조종 교관은 교육생이 단시간 내에 비행 조종 능력을 확보되도록 하기 위한 비행교수법의 숙지와 적용이 필수이다.

7. 비행 교관의 자질

1) 교관의 기본 자질

① **성의** : 솔직하고 정직한 교관이 되어야 한다.

② **교육생에 대한 수용 자세** : 교육생의 잘못된 습관이나 조작, 문제점을 지적하기 전에 그 교육생의 특성을 먼저 파악해야 한다.

③ **외모 및 습관** : 교관으로서 청결하고 단정한 외모와 침착하고 정상적인 비행 조작을 해야 한다.

④ **태도** : 교관은 언제나 일관된 태도로 교육생을 대하여야 한다.

⑤ **알맞은 언어** : 교관다운 언어를 사용하여 교육생들이 믿고 따를 수 있는 교관이 되도록 노력해야 한다.

⑥ **화술 능력 구비** : 교관으로서 학과과목이나 조종을 교육시킬 때 적절하고 융통성 있는 화술 능력을 구비해야 한다.

⑦ **안전의식** : 교관은 안전관리에 솔선수범하여 교육생이 안전에 벗어나는 잘못된 행동을 따라하지 않도록 해야 한다.

⑧ **폭넓은 전문지식** : 교관은 무엇보다도 해당 분야에 대한 충분한 이론적인 배경과 전문지식을 가지고 있으면서 교육생들에게 논리적으로 설명을 할 수 있어야 한다.

2) 비행 교관이 범하기 쉬운 과오

① **과시욕** : 교관이 자기가 가지고 있는 기술에 대해 남들에게 전수해 주지 않으려 하고, 자기만의 것으로 소유하고 잘난 체 하려는 태도는 교관이 버려야 할 것이다.

② **비인격적인 대우** : 교관이라고 해서 교육생을 비 인격적으로 대우해서는 안 된다.

③ **과격한 언어 및 욕설** : 교관의 그 때 그 때의 감정에 의해서 표출되는 언어 표현은 교관이 경계해야 할 요소이다. 교관이 당황하거나 화난 목소리나 어조로 이야기 하면 교육생은 더 큰 불안을 느끼게 된다.

④ **구타** : 교관으로서의 품위를 버리는 행위이며, 학습 의욕도 저하시킨다.

⑤ **비 정상적인 수정 조작** : 교육생이 잘못된 조작을 한다고 해서 교관이 위험할 정도의 과격한 조작을 하면 학생은 공포감을 느낄 수 있다.

⑥ **자기 감정의 표출** : 교관이 교육생의 과오에 대해서 필요 이상의 자기 감정을 표출하면 교육생은 신뢰감을 상실하여 학습 의욕이 저하된다.

3) 교관 언어표현 기술 향상 방법

① **접촉 유지** : 교관이 강의를 하는 동안 교육생들이 다른 생각을 하지 않고 교관과 같이 이해하고 학습하도록 해야 한다.

② **감정 조절** : 누구나 처음으로 대중 앞에 서게 되면 대중을 의식하기 때문에 신경과민 증상에 걸리기 쉽다. 따라서 교관은 철저한 과목 연구와 긴장감을 완화시킬 수 있는 방법 터득 등으로 이러한 증상이 발생되지 않도록 노력해야 한다.

③ **쉽게 이해시켜야 한다** : 어려운 것도 쉽게, 쉬운 것도 어렵게 설명할 수 있다. 교관은 간단 명료한 문장 사용, 적절한 언어 및 말의 속도, 목소리의 강약 조절 등을 통하여 교관이 생각한 바를 정확하게 전달할 수 있도록 노력해야 한다.

④ **적절한 유모어의 활용** : 유모어는 수업의 흥미를 유지해 주는 방법 중의 하나라고 할 수 있다. 하지만, 어설픈 유모어는 수업을 더욱 더 어렵게 만들 수 있으

　　므로, 상황에 맞는 적절한 유모어를 사용하여 효과적인 교육이 될 수 있도록 유도해야 한다.

⑤ **바른 교육 태도 유지** : 교육생은 교관의 교육 내용뿐만 아니라 외모와 교수 태도에도 신경을 쓰게 된다. 따라서 교관은 교관으로서의 품의를 손상시키는 태도나 언행을 해서는 안 된다.

❷ 비행 교수 기법

1. 비행교육 요령

① **동기 유발** : 교관은 교육생의 동기 유발을 통하여 훨씬 용이하게 학습 효과를 얻을 수 있으며, 강요당하는 것보다 스스로 원할 때 교육 효과가 더 높게 나타난다.

② **계속적인 교시** : 교육생이 달성해야 할 교육 단계를 미리 알려주고, 다음 조작은 무엇을 해야 하는지를 계속적으로 지시해야 한다.

③ **교육생 개별적 접근** : 비행 교육의 특성은 일대일 교육이므로 교육생과 교관이 인간관계가 원활할 때 보다 더 효과적인 교육이 될 수 있다.

④ **적절한 칭찬** : 그날의 조작 중 잘못한 것에 대해서만 지적을 하고 잘한 것에 대해서 묵인 한다면 교육생은 점점 자신감을 잃게 되고 학생 자신이 가지고 있는 잠재 능력의 발휘도 못할 것이다.

⑤ **건설적인 강평** : 교육생이 잘못된 조작을 한다고 해서 교관이 위험할 정도의 과격한 조작을 하면 학생은 공포감을 느낄 수 있다.

⑥ **인내** : 교육생의 발전도가 때로는 더디게 나타날 수도 있는데, 이럴 때는 교관의 눈으로 바라보지 말고, 인내심을 가지고 교육생을 지도해 나갈 필요가 있다.

⑦ **비행 교시 과오 인정** : 교관은 자칫 잘못하면 권위주의적 경향으로 빠지기 쉽다. 따라서 자신이 시범이나 교시 내용이 틀렸다고 인정될 때에는 과감히 시인하는 결단이 필요하다.

2. 심리 지도 기법

① **노련한 심리학자로서의 비행 교관** : 교관은 노련한 심리학자가 되어 학생의 근심, 불안, 긴장 등을 해소해 줄 수 있어야 하며, 비정상적인 조작을 하는 교육생은 세심히 관찰하여 조종사로서의 자질을 평가하면서 교육을 진행해야 한다.

② **설득 유도** : 교육생의 문제를 교육생의 입장에서 인간적으로 접근하여 대화를 통해 해결책을 강구한다.

③ **분발 격려** : 경쟁심리를 자극하여 인간의 잠재적 장점을 표출시킬 수 있도록 노력해야 한다.

④ **질책** : 때로는 잘못에 대한 질책이 필요한데, 이 때는 단 한 번으로 끝내야 한다.

⑤ **성취 욕구의 자극** : 공명심과 명예심을 자극하여 성취 욕구를 갖도록 유도해야 한다.

3. 학습 지원 방법

① **학생에 맞는 교수방법 적용** : 조종 교육생들은 그들의 능력이나 사고, 인격 등이 모두 다르므로 동일한 방법으로 교육시키는 것이 모든 교육생에게 효과적일 수 없다. 따라서 교관은 교육생들의 특성을 파악하여 그에 맞는 교수 방법을 적용해야 한다. 교육생의 능력을 너무 못 믿거나 과신하지 말고, 적절한 판단으로 그에 맞게 지도해야 한다.

② 정확한 표준 조작 요구 : 교관은 교육생들 앞에서 정확한 표준 조작을 하고, 교육생들도 그렇게 하도록 요구해야 한다. 해서는 안 될 것과 해야 할 조작을 명확히 반복 주지시켜야 한다.

③ **긍정적인 면의 강조** : 예를 들거나 설명을 할 때 부정적인 것으로 설명하기 보다는 긍정적인 것을 예로 들고 설명하는 것이 효과적이다.

④ **교관이 먼저 비행 원리에 정통하고 적용하라** : 특히 바람의 영향 등에 대해 잘 설명해 주어야 한다.

4) 비행 교육 중 학습 장애 요인

① **불공평한 대우의 느낌** : 여러 교육생을 대상으로 교육 시에는 모든 교육생에게 공평하게 가르치고 관심을 가져야 한다.

② **흥미로운 것을 배우려는 조바심** : 지금 배우고 있는 것을 제대로 소화하지 않은 상태에서 다른 기술을 배우려는데 관심을 더 가지게 되면 그것이 사고로 이어질 수 있다.

③ **흥미의 결핍** : 어떤 과목에 있어서 다른 교육생보다 성과에 먼저 도달한 교육생은 늦은 교육생과 동일한 교육을 하다 보면 그 교육생은 과목에 대한 흥미를 잃어버릴 것이다.

④ **신체적 불편, 피로** : 강의실이건 비행 훈련이건 학생의 학습의 진도를 현저하게 저하시키는 요인이다.

⑤ **무관심과 무계획적 교육에 대한 불만** : 교육생은 자기에게 무관심 한다든지 계획이 없는 상태에서 교육에 임하는 교관에게 불만을 가질 수 있다. 보다 인간적으로 접근하고 철저한 교육 준비를 한다.

⑥ **근심, 불안** : 교육생들의 학습 능력을 제한하고 시야를 좁게 하는 가장 큰 요인이 된다. 교육생이 편안하고 자신감을 견지할 수 있도록 배려해야 하며, 사고의 영역을 넓힐 수 있도록 교육생이 지니고 있는 근심, 불안의 원인을 파악, 이를 제거하는 노력을 해야 한다.

3 비행 단계별 교육 요령

1. 준비/학과 교육 단계

① **교관이 먼저 비행 원리에 정통하고 적용하라** : 특히 바람의 영향 등에 대해 잘 설명해 주어야 한다.

② **시뮬레이션 교육을 철저히 시켜라** : 계속적인 시뮬레이션 숙달이 필요하다. 결국 시뮬레이션 수준이 비행 교육 수준으로 나타난다. 각 개인별로 하나씩 갖게 하기보다는 돌아가면서 하도록 하는 것이 경쟁심을 유발하여 더 열중하게 된다.

③ **철저한 안전 교육** : 비행 기술은 시간이 지나면 해결되지만, 안전의식은 처음 바로잡아야 계속 간다. 기술이 좋은 조종사가 훌륭한 것이 아니고, 정확하고 안전하게 조종하는 조종사가 가장 우수한 조종사다. 특히, 15m 이내로 항공기가 접근되지 않도록 반복 주지 시켜라.

④ **교육 기록부 기록 철저**

2. 기본 비행 단계

① **기본 조작 교육** : 초기 제자리 비행 교육 시 끌려 다니지 않도록 기본 조작 교육을 철저히 한다. 조종은 비행기를 내가 조종하는 것이지 끌려 다니는 것이 아니다.

② **주의력 분배 교육** : 헬기에 집중하지 말고 시야를 점차 넓혀가면서 주의력을 분배하도록 훈련을 한다.

③ **삼타일치 조작** : 파워, 피치, 러더가 일치된 조작이 되어야 안정된 조종을 할 수가 있다. 눈으로 보면서 조종해 가기는 어렵지만 기본적인 원리를 설명해 주라.

④ **교육생보다 한 걸음 뒤에 서라** : 가급적 교육생이 혼자 스스로 조종한다는 느낌이 들도록 하라.

⑤ **교관의 설명을 점차 줄여가라** : 처음엔 교시의 말을 많이 하다가 점차 줄여가면서 교육생 스스로 판단하여 조작을 할 수 있도록 하라.

⑥ **통제권 전환 시 확실한 확인 후 전환 실시** : 준비됐는가? → Three. two. own. You have control. → I have control.

3. 응용 비행 단계

① **단독 비행** : 점차 비행 시간을 늘려 가고, 마지막 날에는 처음부터 끝까지 스스로 하도록 하라. 자기 장비를 실제 운용하는 것처럼 스스로 하도록 하고, 교관은 멀리서 지켜보라. 단독 비행은 패턴 비행을 하면서 기복이 없이 불안한 조작이 계속 없을 경우 실시한다.

② **철저한 안전 교육** : 비행 기술은 시간이 지나면 해결되지만, 안전의식은 처음 바로잡아야 계속 간다. 기술이 좋은 조종사가 훌륭한 것이 아니고, 정확하고 안전하게 조종하는 조종사가 가장 우수한 조종사다.

③ **비행 기준** : 비행기준은 평가표의 우수의 수준을 목표로 교육 실시한다. 교육 기간 중에는 달성하지 못하더라도 교육 종료 후에도 그 수준을 목표로 계속 자체 숙달 훈련이 될 수 있도록 한다. 특히, 농업용 속도는 15km/h를 준수해야 한다.

④ **GPS 교육** : GPS 교육 시 반드시 경고등을 주시해야 한다. GPS가 안 켜져 있는데, 켜진 것으로 착각하고 비행할 경우 근접하여 조종사가 다칠 수 있다.

⑤ **약제 살포 시 응용** : 매 비행 훈련을 실제 현장에서의 살포과정을 연상하도록 하면서 조종하도록 한다.

4. 비상 절차 단계

① **각 경고등 점등 시 의미 및 조치사항**
- 교범을 통한 숙지
- 구두/학과 평가 시 반드시 포함하여 평가 실시

② **GPS 수신 불량**
- 프로그램을 이용한 실습 교육 실시

③ **통신 두절로 인한 Return Home 기능**
- 지상에서 통신 두절 시 나타나는 경고등 및 현상 시범

- 필요 시 시범식 교육 실시

④ **제어 시스템 에러 사항**

- 급조작, 과적 등의 현상을 교육 중 반복하여 설명하면서, 부드러운 조작이 될 수 있도록 교육한다.

5. 비행 평가 단계

1) 비행 평가(매일/최종)의 원칙

① **평가자의 자격** : 평가자는 적법한 자격이 있어야 한다. 기술적으로 자격이 있어야 할 뿐만 아니라 시범동작, 객관적인 자세와 관찰능력을 가지며 건설적인 조언을 할 수 있어야 한다.

② **평가 방법의 표준화** : 평가 방법은 표준화, 객관화 그리고 통일이 되어야 한다.

③ **평가 목적의 이해** : 평가 목적은 평가에 관계되는 모든 사람에게 확실히 이해되어야 하며, 평가 목적에 부합되는 방식으로 행해져야 한다.

④ **평가자들 간 협조** : 평가에 참가하는 사람들 간의 협조는 평가를 원활하게 실시하는데 꼭 필요한 요소이다. 단 한 명의 조종사를 평가한다고 해도 여러 사람의 협조 없이는 제대로 이루어 질 수 없다.

⑤ **구체적인 평가결과 산출** : 현재 과목의 평가를 토대로 다음의 훈련에서 필요한 점을 찾아내기 위해 구체적이고 체계적인 평가 결과를 산출해야 한다.

2) 강평 시 고려사항

① **교육의 일부분으로 매일 실시** : 강평은 교육 단계로서 그리고 학과의 일부분으로서 실시되어야 한다. 강평을 효과적으로 실시하면 이미 교육한 내용을 통해 얻은 지식을 더욱 확실하게 이해토록 하며, 교육 성과를 증대시킬 수 있을 것이다.

② **상대방 존중** : 교육생의 자존심을 상하게 하는 말을 하거나, 비인격적 대우를 해서는 안 된다.

③ **과정 수업 관련** : 지금까지의 학습 내용을 상기시키거나 앞에 했던 과제 또는 앞으로 할 과제와 연관시켜 지금 학습의 필요성을 강조하는 것이 필요하다.

④ **특별한 점을 망라** : 사용된 절차, 교육생이 가지고 잇는 장/단점 또는 항공기의 특성, 바람의 영향에 따른 조작 등 교육에 필요한 모든 것을 망라하여 실시해야 한다.

⑤ **기본 원칙 강조** : 강평이나 평가 시는 기본을 강조하는 것이라 할 수 있다. 조종사로서 반드시 알아야 할 조작이나 점검 기본 원칙들을 강조하고, 이를 위해 교관은 사전에 적용하는 절차 및 방법, 용도 등을 요약 설명토록 준비를 해야 한다.

⑥ **교육생의 참여 장려** : 교관의 일관된 강평보다는 과목의 성격이나 내용에 따라서 교육생 스스로 발표하든지 경험담을 얘기하는 등의 방법으로 교육생 참여를 유도하는 방법을 고려한다.

4 지도조종자(교관)의 특성

1. 지도조종자(교관)의 구비조건

1) 성의(Sincerity)

지도조종자(교관)는 솔직하고 정직해야만 한다. 교육내용과 관련 없는 지시의 연막 뒤에 어떤 부적당한 것을 시도한다면 지도조종자(교관)가 교육생으로 하여금 흥미 있는 주의를 기울이도록 하는 것이 불가능하게 된다. 교육생의 교육은 지도조종자(교관)의 성의에 따라 그 결과가 달라짐을 명심해야 한다.

2) 교육생에 대한 수용자세

지도조종자(교관)는 교육생의 잘못과 그들의 문제점 모든 것을 받아들여야 한다. 교육생은 비행방법을 배우기 원하는 사람이고, 지도조종자(교관)는 그 과정에서 도움을 줄 수 있는 사람이다. 이러한 이해를 할 때 지도조종자(교관)와 교육생간의 전문적 관계는 교육생과 지도조종자(교관) 모두 중요하며, 서로 동일 목적을 향해 가고 있다는 상호이해에 중점을 두어야 한다. 어떤 경우에도 지도조종자(교관)는 교육생을 아래로 낮추는 행동을 해서는 안 된다. 비웃기보다는 긍정으로, 비난보다는 협조가 교육생이 빨리 배우고 늦게 배우고 근심하는데 관계없이 학습의욕을 증진시킬 수 있는 것이다. 진도가 빠르지 못한 교육생을 비난하는 것은 원하는 데로 빨리 회복되지 않는 환자를 경계하는 의사와 같을 수 있다.

3) 외모와 습관

외모는 지도조종자(교관)의 전문적인 이미지를 나타내는 중요한 요소이다. 멀티콥터 조종 인구가 급속도로 증가하고 있는 이 시점에서 지도조종자(교관)가 비행훈련 시 단정하고 청결하고 알맞은 복장을 착용하고 교육하면 교육생들 역시 단정한 복장으로 임할 것이다. 호흡과 몸의 청결은 지도조종자(교관)에게 특히 중요하다. 어린 교육생이나 여성 교육생을 교육 시 지도조종자(교관)가 흡연 후 담배 냄새를 풍긴다면 교육생이 곤란한 지경에 이를 것이다. 아울러 초경량비행장치 조종자도 음주 비행이 금지되어 있음을 모두가 알고 있는데 아침에 초췌한 모습으로 헐렁한 복장을 하고 술 냄새를 풍기면서 교육서 임한다면 교육생들은 지도조종자(교관)를 존경은커녕 조종술을 전수 받지 않으려고 요구할 것이다.

4) 태도

지도조종자(교관)의 행동과 자세는 많은 전문가의 이미지를 창출해 낸다. 지도조종자(교관)는 변덕스런 행동이나 주의를 산만하게 하는 언어습관 및 변덕스런 분위기의 변화를 피해야만 한다. 전문가의 이미지는 우울하지 않은 조용하고 사려 있고 세련된 태도를 요구한다. 지도조종자(교관)는 상이한 재연이나 정반대로 지시하는 일이 자주 일어나지 않도록 주의하고 이유 없이 칭찬하거나 정중하지 못하게 교육생을 비평하는 일은 피해야 한다. 건방지거나 하지 말라고만 하는 태도는 되도록 피해야 한다. 영향력 있는 지도조종자(교관)는 조용하고 유쾌하며 사려 깊은 행동으로 교육생을 평안하게 하여 배움의 순수한 흥미와 유능한 지도조종자(교관)의 이미지를 간직한다.

5) 안전관리 전문가

지도조종자(교관)는 안전 활동과 사고 예방에 만전을 기울여야 한다. 배우는 교육생은 조종술 연마에 급급하여 안전을 도외시한 채 조종훈련만 급급하다. 비행 전, 중, 후에 지도조종자(교관)는 주변 환경과 현상을 잘 파악하여 불안전요소가 무엇인지 판단, 식별한 후 신속한 조치를 하여 안전 활동에 기여하여야 한다. 즉 지도조종자(교관)는 안전관리 전문가가 되어 총괄적인 안전 활동에 책임을 져야 한다.

6) 화술능력구비

(1) 화술의 목적

화술이란 대화, 강의, 발표, 토의 등 제반 언어 활동의 표현기술을 의미하며 또한 아이디어를 전달할 목적으로 신체상의 많은 근육과 신경조직을 이용한 청각적이고 시각적인 체계라고 할 수 있으며, 이러한 정의에 기초한 화술의 목적은 상대방에게 간단하고 명확하게 의사를 전달하고 이해시키는 의사소통에 그 목적을 두고 있다.

(2) 화술의 원리

첫째, 전체를 보통으로 표현하고 가장 중요한 부분만 강조하라.

둘째, 감정이 깃든 목소리로 열성껏 표현하라.

셋째, 소리의 원근법을 맞추어서 실시하라.

넷째, 동격어 표현은 강조로서 효과를 달성한다.

(3) 성공적인 화술의 비결

첫째, 사전 철저한 준비를 하라.

둘째, 멋진 서두로 주위를 끌어야 한다.

셋째, 예증으로 확신을 준다.

넷째, 열정적으로 생기 있게 말한다.

다섯째, 함축성 있는 말로 짧게 한다.

여섯째, 제스처를 적절히 사용한다.

일곱째, 강렬한 말로 여운을 남긴다.

2. 비행 훈련 중 학습장애

1) 불공평한 대우의 느낌

지도조종자(교관)는 모든 교육생에게 공평하게 가르쳐야 한다. 물론 교육생 수준에 따라 진도는 달라질 수 있지만, 기본적인 교육과목이나 내용은 공평하게 가르쳐야 한다. 어떤 특정 교육생과 인간적인 관계로 조금 더 많이 안다고 해서 편애한다면 다른 교육생들은 여기에서 불만 또는 좌절감을 느끼게 되어 훈련의 장애요소가 될 수 있는 것이다.

2) 흥미로운 것을 배우려는 조바심

예비 훈련이나 기초훈련 없이 이해하지 못하는 목표에 빨리 접근하려고 하는 것은 학습의 장애요소가 될 수 있다. 예를 들어 충분한 시뮬레이션 훈련이나 기본 공중 조작훈련 없이 원주비행을 하려고 하면 큰 오산이다. 물론 빨리 완성단계를 이루고자 하는 마음은 이해하지만, 시뮬레이션으로부터 기본동작 그리고 원주비행까지 순서대로 완성을 하는 것이 가장 효과적이며 목표달성에 이를 수 있는 것이다.

3) 흥미의 결핍

초경량비행장치 멀티콥터의 패턴비행을 매일같이 반복하다보면 자칫 흥미를 잃어버릴 수 있다. 모든 교육이 그렇듯이 흥미가 떨어지면 교육을 받기 싫어진다는 것은 누구나 알고 있는 것이다. 따라서 지도조종자(교관)는 교육생들의 흥미를 유지하기 위한 교육방법을 계속적으로 개발해 나가야 한다.

4) 신체적 불편, 피로

신체적 불편이나 피로는 강의실이건 훈련장이건 교육생들의 학습 진도를 현저하게 저하시킨다. 이것은 교육생 뿐만 아니라 지도조종자(교관)도 마찬가지이다. 비행훈련을 하기 전에는 음주를 삼가고, 수면도 충분히 취해 피로를 없애야 한다. 또한, 비행훈련 도중 학생이 피로를 느끼는 것 같다면 잠시 쉬었다 하라고 지도하기도 해야 한다.

5) 무관심과 무계획적 교육에 대한 불만

교육생들은 자기에게 무관심하다든지 제대로 교시를 하지 않는다든지 교육을 제대로 준비하지 않는 등 교육준비에 성의를 보이지 않으면 교육에 임하는 자세도 같은 현상이 나타나며 결국에는 불만이 증폭되어 학습의 장애요소가 되므로 지도조종자(교관)는 교육생들에게 부단한 관심과 교육에 대한 준비를 성실히 해야 한다.

6) 근심, 불안

근심과 불안은 교육생의 학습능력을 제한하고 시야를 좁게 하는 가장 큰 요인이 된다. 교육생이 편안하고 자신감을 견지할 수 있도록 배려해야 하며 사고의 영역을 넓힐 수 있도록 교육생이 지니고 있는 근심, 불안의 원인을 파악하여 제거하는 노력을 기울여야 한다.

3. 지도조종자(교관)가 범하기 쉬운 과오

지도조종자(교관)라고 하여 모든 것을 다 아는 것은 아니다. 따라서 지도조종자(교관)는 다음과 같은 과오를 범하지 않도록 주의하면서 교육해야 한다.

조종술과 같은 기술교육이 대부분 그렇듯이 어떠한 특정 기술을 소지한 사람은 그것을 다른 사람들에게 널리 전수하기보다는 자신만이 소유하여 과시하려는 본능을 가지고 있다. 예를 들어 특정한 비행방법을 나 혼자만 잘 알고 있다는 것을 내세우고자 하는 지도조종자(교관)를 주변에서 보았을 것이다. 이것은 지도조종자(교관)가 경계해야 할 과오 중 가장 주의해야 할 사항이다. 과시를 하는 지도조종자(교관)는 결코 좋은 지도조종자(교관)가 될 수 없다. 항상 겸손하고 지도조종자(교관)로서의 사명감을 가지고 자신의 기량을 후배 조종자들에게 전수해 준다면 그 조종술을 전수받은 조종자는 단순히 비행기량만 전수받는 것이 아니라 인격까지도 배우게 될 것이다.

또한 지도조종자(교관)가 조금 안다고 해서 교육생을 아주 우습게 생각하고 비인격적인 대우를 하고, 그때그때 느끼는 기분, 감정 등을 아무 부담 없이 원색적인 핀잔으로 표출되거나 또는 교육생이 조종을 조금만 잘못하면 조종기를 빼앗아 교육생으로 하여금 공포감을 주는 등의 행동은 지도조종자(교관)로서 삼가야 할 행동들이다.

4. 비행 교시 요령

지도조종자(교관)는 자신에게 맡겨진 교육생을 어떻게 하면 주어진 시간에 학습목표를 달성하여 평가에 합격시키고 훌륭한 조종자로 양성할 것인가를 고민해야 한다.

1) 동기유발

　지도조종자(교관)는 교육생에게 동기를 유발 시킬 수 있는 것이 무엇인지 잘 생각하여 적용시켜야 한다. 교육생이 지루해하지 않도록 하며 강요당하여 끓여 가는 형상이 되면 안 된다. 교육생에게 동기를 부여하여 자발적으로 훈련의 성과가 달성될 수 있도록 해야 한다. 따라서 지도조종자(교관)는 비행훈련에 앞서 교육생의 심리상태를 파악하여 그 교육생이 흥미를 느낄 수 있는 것부터 언급하여 교육시켜 나가야 한다.

2) 지속적 교시

　비행훈련 시 교육생이 달성해야 할 교육단계를 미리 알려주고 또한 세부적인 방법을 교시해 주어 예습이 되도록 한다. 비행 중에는 필요시 지도조종자(교관)의 시범과 지속적인 교시로 교육생이 표준 조작 방법을 정확히 알고 습성화할 수 있도록 해 주어야 한다. 순간순간 기체가 벗어 났을 때 교육생이 위치를 잘 모른다면 지도조종자(교관)는 현재의 위치를 정확히 설명해 주고 얼마나 어떻게 벗어 났는지를 설명해 주어야 한다. 또한, 주변 환경과 요행에 의해 조종이 된 것이 정확한 표준조작으로 연결될 수 있는 경우도 있다. 이를 파악하기 위해 지도조종자(교관)는 교육생의 일거수일투족을 예의 관찰하여 지도해야 한다.

　교육생의 정확한 의도된 조종에 따라 비행장치가 움직이고 그것을 느끼고 수정조작을 하는 등의 조종이 되도록 교육해야 한다.

3) 적절한 칭찬

　사람의 심리는 잘한 것에 대해 칭찬을 받고 싶은 충동이 있다. 만약 지도조종자(교관)가 그날의 비행조종 중 잘한 것은 묵인하고 잘못된 것만 지적하여 힐책한다면 교육생은 점점 자신을 잃게 되고 교육생 자신이 지니고 있는 잠재능력의 발휘도 위축되어 훈련에 역효과가 나타날 수 있다. 하지만 적절한 칭찬은 교육생의 고벽이나 잘못된 습관, 조작 등을 수정시켜 나가는 좋은 방법이 될 수 있다. 그러나 과도한 칭찬은 자만심을 불러일으킬 수 있어 그 정도를 조절하는 것이 효과적이다.

4) 건설적인 강평

　비행 후 교육생의 노력 결과에 발전적인 강평을 실시해 주어야 한다. 잘못된 조종은 어떻게 해서 발생한 것이고, 교육생의 고벽은 무엇인지를 정확히 파악해서 다음 훈련시간에 같은 잘못된 조종이 나오지 않도록 해야 한다.

　만일 지도조종자(교관)가 교육생의 잘못된 학습결과에 대해서만 이야기 해주고 그것에 대한 원인과 세부적인 절차, 논리적 이론을 설명하지 않아서 교육생이 무엇을 잘못하였으며, 어떻게 시정해야 할지 모른다면 지도조종자(교관)의 지적사항은 아무런 도움이 되지 않을뿐더러 교육생에게 의혹만 불러일으켜 더 엉뚱한 조종을 하게 할 수 있다. 그러므로 지도조종자(교관)는 교육생의 진보에 초점을 맞추어 교육생의 잘못을 지적하면서 그 잘못으로 인하여 보다 향상된 학습이 될 수 있도록 강평하여야 한다.

5) 인내

비행 시 지도조종자(교관)는 특별한 인내심이 요구된다. 지도조종자(교관)의 눈에 비치는 교육생의 실력은 때로는 답답하고, 때로는 지독할 정도로 미련하게 보일 수도 있다. 이는 지도조종자(교관) 자신의 능력과 교육생의 조종능력을 동등하게 보는 데서 그 원인을 찾을 수 있다. 교육생이 어떤 날은 발전된 조작을 하다가 그다음에는 한동안 발전 없이 정체된 조작을 계속하게 될 때 지도조종자(교관)는 인내를 가지고 전, 후의 내용을 상호 연관시켜서 발전된 조종을 할 수 있도록 교육해 주는 것이 필요하다.

6) 비행 교시의 과오 인정

비행 시 지도조종자(교관)는 자칫 잘못하면 권위주의적 교육에 빠지기 쉬우며 자신의 잘못된 시범이나 교시 내용이 틀렸을 경우 교육생으로부터 질문을 받으면 자신의 잘못을 합리화 또는 잘못을 인정하지 않으려는 심리가 먼저 작용하기 쉬운데 이는 교육에 임하는 교육생의 혼돈과 갈등을 불러일으키는 것은 물론 나중에 교육생이 지도조종자(교관)의 틀린 조작이나 교시 내용을 알게 되었을 경우 지도조종자(교관)를 불신하게 되므로 지도조종자(교관)의 교시의 효과를 상실하게 되어 훈련 목표를 달성할 수 없게 된다. 지도조종자(교관)는 신이 아니다. 지도조종자(교관)도 사람이기 때문에 모든 것을 다 아는 것이 아니다. 따라서 지도조종자(교관)는 자신이 잘못한 것이 있다면 솔직히 인정을 해서 교육생과 신뢰감을 쌓아나가야 보다 나은 훈련목표를 달성할 수 있을 것이다.

memo

memo

※ **이 책의 내용에 관한 문의사항 안내**
박장환 (kouavc@gmail.com)
이재원 (cto0522@gmail.com)
류영기 (ryuleo@naver.com)으로 문의해 주십시오.
질문요지는 이 책에 수록된 내용에 한합니다.
전화로 질문을 답할 수 없음을 양지하시기 바랍니다.

2018년 6월 15일 초판 발행
2023년 3월 2일 제1판 2쇄 발행

지 은 이 : 박장환, 이재원, 류영기
발 행 인 : 김 길 현
발 행 처 : (주) 골든벨
등   록 : 제 1987 – 000018호 © 2018 GoldenBell Corp.
ISBN : 979–11–5806–301–6

이 책을 만든 사람들
기획 : 이상호   편 집 및 디자인 : 조경미, 엄해정, 남동우
제 작 진 행 : 최병석   오프 마케팅 : 우병춘, 이대권, 이강연
웹 매니저먼트 : 안재명, 서수진, 김경희   공 급 관 리 : 오민석, 정복순, 김봉식
회 계 관 리 : 김경아

● 주소 : 04316 서울특별시 용산구 원효로 245(원효로1가 53–1) 골든벨 빌딩 5~6F
● TEL : (02)713–4135   ● FAX : (02)718–5510
● E-mail : 7134135@naver.com   ● http://www.gbbook.co.kr